地铁TOD

车辆段上盖商业空间设计与运作指引

主编 蔡 峥

ZHEJIANG UNIVERSITY PRESS
浙江大学出版社

图书在版编目（CIP）数据

地铁 TOD 车辆段上盖商业空间设计与运作指引 / 蔡峥
主编 . —杭州：浙江大学出版社，2021.3(2021.11 重印)
ISBN 978-7-308-21167-3

Ⅰ.①地… Ⅱ.①蔡… Ⅲ.①地下铁道车站—商业建
筑—建筑设计 Ⅳ.①TU921 ②TU247

中国版本图书馆 CIP 数据核字(2021)第 044292 号

地铁 TOD 车辆段上盖商业空间设计与运作指引

蔡 峥 主编

策划编辑	吴伟伟
责任编辑	蔡圆圆
文字编辑	郭琳琳
责任校对	许艺涛 赵和平
封面设计	周 灵
出版发行	浙江大学出版社
	（杭州市天目山路 148 号 邮政编码 310007）
	（网址：http://www.zjupress.com）
排 版	杭州青翊图文设计有限公司
印 刷	广东虎彩云印刷有限公司绍兴分公司
开 本	787mm×1092mm 1/16
印 张	16.5
字 数	400 千
版 印 次	2021 年 3 月第 1 版 2021 年 11 月第 3 次印刷
书 号	ISBN 978-7-308-21167-3
定 价	98.00 元

前　言

从 2009 年至今,国内不少城市的地铁从一条线到一张网,纷纷喊出了要做"轨道上的城市"的口号。20 年后,超过 7 成的大城市人口将生活在轨道上,轨道也将对城市和人们生活产生更为深刻、更为长远的影响,而轨道上的商业也将成为人们生活中的"柴米油盐"。

面对全国 187 条轨交,运营里程达 5766.7 千米,运送旅客超过 184 亿人次的巨量市场,TOD(Transit Oriented Development)结合商业地产的专业图书鲜有上市,市面上流传有各种版本,但大多较为重复、案例缺乏时效性。

这个市场需要一本实操手册。

首先,本书通过对商业设计和 TOD 商业规划的发展历程、内涵、原则的梳理与研究,建立起 TOD 商业规划的概念框架;通过对商业空间增长的联系解析,与 TOD 交通规划城市发展的比较研究,明确 TOD 商业模式并不仅仅是商业规划,更是一种综合性的商业发展规划;同时,从社会、经济、环境三个维度对其核心理念进行深入剖析,明确其实现 TOD 商业规划城市发展的关键空间性路径。

其次,地铁 TOD 车辆段上盖商业运营方面的指引,更是决定最终商业成败的重中之重。运营指引包括总体定位、运营模型与业态落位、多途径价值提升三个方面。

总体定位是指通过对市场上诸多方面的比对,结合企业自身条件为自己的产品打造一定特色,并树立一定的市场形象,从而取得目标市场的竞争优势,吸引更多的目标客群。绿城商业在明确产品主张和产品档次方面有较多经验。

运营模型与业态落位,是商业运营最具实操性的环节,每个项目都会依据不同的城市环境、产品定位、投资收益预期,规划不同的运营模型与业态落位,业态落位更是和具体的商业物理环境密不可分,其中又涉及流线优化、工程把控等具体的操作细节,这些既是业态落位的必要步骤,也是做运营模型的决定性要素。

多途径价值提升,包括了品牌个性化提升、业态多元化提升、服务创新化提升、运营公益化提升。价值提升是最考验商业公司运营能力的指标之一,平时服务的商业项目,往往有地段、体量、历史等各个有利或不利因素,一个商业项目建设完成、招商完成、开业运营并不意味着商业项目的圆满完工,而只是刚刚开始,商业项目是灵活的,需要不断投入和调整,价值提升就是不断地为其带来新的活力。

在杭州,绿城集团从杨柳郡开始探索 TOD 车辆段的生活配套与服务,立足理想生活服务商的定位,不断完善上盖商业空间。

绿城商业有丰富的 TOD 车辆段操盘经验,位于杭州的知名大盘杨柳郡,其商业街区包括地铁上盖区与落地区,面积共 4 万平方米。2018 年 4 月开始试运营,引入多个知名商家及多个首次进驻社区商业的品牌。绿城商业以"公益＋社群"为主要抓手,构建街区增值服务体系,营造邻里空间,提供邻里生活,推动友邻文化,通过组织举办"捐赠童书""垃圾分类公益课分享""邻里包粽子"等公益活动,吸引了众多"好街"业主、商家的参与,获得了良好的实践成果,现已形成完善的运营管理及活动推广体系。

浙江大学城乡规划设计研究院依托浙江大学的城乡发展新型智库,基于彼此的经验和信任,合作撰写本书,和盘托出 TOD 商业地产的真经,希望有助于涉足的企业和从业人士少走弯路。

在东亚的高密城市建设中,基于轨道设施的 TOD 开发仍将是值得探讨的课题。基于地铁站的 TOD 开发日趋成熟,但围绕地铁车辆段的 TOD 开发仍然需在实践中继续探索。

TOD 商业地产更是难上加难,作为专业顾问,绿城商业公司曾被邀请为一些 TOD 商业地产项目做诊断,发现不少问题,并不像有人想象的那样,投资盖楼就好了,需要付出和学习的还有很多。

本书就是在商业空间设计与运作的背景下,对"公共交通为导向的城市发展"理念的商业空间规划方法进行理论探讨。商业空间设计与 TOD 交通规划发展目标之间的联系,是所有城市在发展过程中都要面临的重要课题,认识二者之间的作用机制、明确发展的意义、建立商业空间设计的策略框架,对完善城市 TOD 商业规划发展具有重要的理论和实践意义。

以杨柳郡为例,从产品为王到服务为先,杨柳郡开启了绿城又一个 20 年。在杨柳郡,绿城的产品优势占 3 成,丰富的配套占 2 成,服务的重要性则占 5 成。"5－3－2 阵容",就是绿城今后发展的方向,即扮演综合生活服务商的角色。

杨柳郡是一个入住上万人的生活园区,把城市所有的优点都汇集到了一起。无论是衣食住行,还是娱乐休闲,都做了较好的整合(从生活园区到智慧园区、生态园区),还将庭院、杨柳等江南文化元素转化成了建筑中的设计符号。

我们希望杨柳郡是个理想的小城市,是最小版本的城市系统。我们关心居住在这里的三代人的生活,希望他们都能享受优质的生活服务资源。

这个城市里面,年轻人想自己过得好一点、父母和孩子过得好一点。我们关心小孩,从早教到小学,从课上到课余。我们关心老人,希望所有的老人都可以拥有幸福生活,灵魂得以安放。我们关心这一代年轻人,他们平均年龄 30 岁,上有老,下有小,为家庭而奋斗。所以,让他们的小孩能够接受良好的教育,让他们的父母能够享受幸福的生活,就是为他们减负。

在过去 20 年,绿城地产将视觉体验摆在第一位,但绿城今后的 20 年,构筑美好生活才是最重要的。我们要让绿城家人,住在一个优质的生活园区,他们脸上的笑容就是我们力量的源泉。

这次图书出版,第一次大量公开了绿城和浙大规划院的 TOD 经验。这是多年前实践沉淀的宝贵知识。我们始终认为,知识是开放包容的,假如因为这些经验的分享让轨道 TOD 商业有更好的发展,我们也将为此而骄傲。

　　绿城的核心竞争力有三:第一,有完整的产业链,规划、建造、运营一体化。第二,有丰富的商业资源,几千个商家配合绿城,而商家的配合度是多年的互利共赢换来的。第三,有较强的商业运营管理能力。绿城也不是总能一次就做到全面完善,也有几个店选址、定位还有待考量,开业后经营状况不够理想的情况,但绿城能在很短时间内重新调整定位,重新招商,使之由淡变旺。

　　十几万字的经验总结,绿城商业公司和浙大规划院的倾力合作,前后历经 12 次改稿。希望这次出版的《地铁 TOD 车辆段上盖商业空间设计与运作指引》,能给商业地产从业者一些有益的参考,推动商业地产行业走向专业化,形成良性发展,为中国的城市化进程做出一点贡献。图书图片来自网络,如有侵权请联系浙江绿城理想生活商业运营服务有限公司。谢谢!

目　录

1 地铁车辆段与TOD上盖开发

1.1 地铁车辆段的概念与用地特征

1.2 地铁TOD车辆段上盖开发

1.3 地铁车辆段的TOD上盖商业开发

1.1　地铁车辆段的概念与用地特征

1.1.1　地铁车辆段的概念

地铁车辆段(见图 1-1)是城市轨道交通体系的组成部分之一,作为地铁系统的配套基础设施,其主要功能是为地铁车辆的日常运营提供必要的后勤服务,负责地铁车辆的停放、检查、整备、运用、修理和管理等工作。

图 1-1　地铁车辆段示意

地铁车辆段具体包含的业务内容如下。

(1)停放清洗及日常保养

地铁车辆段的主要构成部分为停车场,这也是车辆段所包含的最重要的功能,即负责列车的停放、调度、整备和运行工作。此外还可在车辆段内进行列车的日常保养工作,主要包括地铁车辆的清扫洗刷及定期消毒等日常维修保养。

(2)车辆检修及设备维修

在地铁车辆段场站内,根据列车的检修周期,定期对车辆进行技术检查,包括月修、定修、架修和临修试车等作业。[1] 除了车辆的定期检修,在地铁车辆段内可以对列车内部设备和机车、机具进行日常检查维修,车辆和设备如遇紧急情况,也将在车辆段内进行救援抢修等工作。此外,地铁车辆段还具有对地铁供电、环控、通信、信号、防灾报警等系统的监测、保养和维修功能。

(3)列车救援及材料供应

当列车在运行过程中发生事故,出现如脱轨、颠覆或供电中断等情况导致列车无法正常运行时,地铁车辆段能及时出动救援设备,将车辆起复牵引至临近存车线或地铁车辆段,从而及时排除线路故障,恢复行车秩序。因此,为保证地铁系统的正常运营,其所需的各种器材、备品备件、劳保用品等材料设备,以及其他非生产性固定资产的储存、保管和供应工作需要在地铁车辆段内进行。

（4）职工休息及技术培训

地铁车辆段作为轨道交通系统的必要组成部分,不仅为列车提供设施配套,更为全体职工提供了后勤保障,为司乘人员每日的出勤换班、退勤休息以及技术交接提供场所,并在车辆段内按期对地铁系统的工人和相关技术人员进行技术培训。

1.1.2 地铁车辆段的用地特征

1.1.2.1 地铁车辆段的用地功能构成

地铁车辆段用地根据提供功能的不同主要划分为检修区和运营区。检修区承担地铁车辆的检修维修工作,功能较为单一;运营区功能复合多元,以车辆停放的功能为主,辅以列车清洗保养、材料堆放以及职工办公等功能。相应地,地铁车辆段设置有停车场、综合维修中心、材料总库、职工技术培训中心以及其他生产生活设施。总的来说,地铁车辆段从功能分区上划分,包含以下几个部分(见图1-2)。

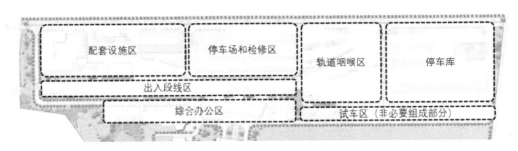

图1-2 地铁车辆段功能分区示意

（1）出入段线区:此区域为列车从轨道正线过渡进入车辆段场站的过渡区,车辆在出入场线区加速爬升驶出车辆段或从轨道正线顺利驶进停车场。作为缓冲区,该区域平面一般呈长条形。

（2）轨道咽喉区:此区域是地铁列车在驶入车辆段后的接入区,和道岔区集中布置在一起,列车需要在此区域进行后续变轨操作后再进入相应的车辆库房。该区域的轨道线路较为密集,岔道、弯道以及轨道接头较多,平面一般呈开放喇叭形。

（3）停车场和检修区:此区域是车辆段内最为主要的功能区,承载地铁列车的停放与检修工作。停车场区域功能单一,即为不在运行中的列车提供停放地,在车辆段的各区域中占地最大。检修区的功能为列车的清洗维护及定期检修,包含地铁车辆的运用库、联合车库、洗车库等区域。停车场和检修区的平面一般较为规整平直,占地面积大。

（4）试车区:此区域不是每个车辆段的必要组成部分。当车辆段需要承担试运行车辆的任务时,才需要在场站内设置试车区,并在此区域对车辆进行检测。

　　(5)配套设施区:此区域设置有为地铁车辆正常运行提供配套服务的设施,如变电所、动调试验间、污水处理站等设施。配套设施区由于功能较为紧凑,不需要很多的占地面积,且由于功能需求的不同,一般布置较为分散,通常位于出入段线区与咽喉区之间的区域[2]。

　　(6)综合办公区:此区域为车辆段工作人员的办公场所,包括轨道交通的管理办公区、职工培训区以及后勤服务区。综合办公区为地铁职工提供服务,为方便工作人员进出,一般落地开发,位于地铁车辆段内较为独立的位置,与城市空间结合比较紧密,且为节约用地一般为高层建筑。

　　(7)停车库:此区域作为独立的停车设施,但需要纳入车辆段整体开发的规划设计中。

1.1.2.2　地铁车辆段的用地特征

　　为尽量减少地铁车辆出现空驶情况,地铁车辆段的接轨站大都设置在地铁站点附近。根据地铁车辆段与地铁线路的关系,车辆段用地选址主要分为尽端型和中间型两类。不同选址类型的地铁车辆段具有不同的用地特征,如表 1-1 所示。

表 1-1　地铁车辆段用地选址类型[1]

车辆段用地选址类型	关系示意图	车辆段举例	车辆段特点
尽端型		深圳蛇口西车辆段 广州西朗车辆段 佛山夏南车辆段	空驶距离长 大多位于市郊区 占地规模相对较小
中间型		深圳前海湾车辆段 上海吴中路车辆段 北京回龙观车辆段	空驶距离短 大多位于市区 占地规模较大
		深圳塘朗车辆段 深圳横岗车辆段 深圳龙华车辆段	基本无空缺 环境影响较大 占地规模相对适中

　　尽端型车辆段一般设置于线路的端部,若运行线路较长,可在线路的两端设置车辆段停车场。地铁线路远距离的运营特征使得该类型车辆段一般位于城市的郊区或者新城区,占地相对较小,土地价值相对较低。但在线路运营过程中,由于空驶距离较长,会相应增加运营成本。

　　中间型的车辆段选址相对靠近市中心或区域中心,根据是否两线并用可以分为合并共用型和单独使用型。前者与尽端型车辆段相比空驶距离大为缩短,但占地规模较大;后者则基本没有空驶情况,且占地规模相对适中。中间型车辆段相比尽端型车辆段在日常运营中较为便利,空驶情况的减少降低了运营成本,但土地成本较高,且对城市的生活环境影响较大。

1.1.3 地铁车辆段的城市功能分类

地铁车辆段作为城市轨道交通体系的基础配套设施,其城市功能分类不尽相同。本书主要按照车辆段的服务范围和建造标高进行区分。

1.1.3.1 按照服务范围分

按照服务范围的不同可将地铁车辆段分为单线车辆段和多线车辆段两种类型。

(1)单线车辆段

此类型车辆段为单一地铁线路服务,功能较为完备,功能分区十分齐全,一般位于地铁线路尽端,运营环境较好(见图1-3)。

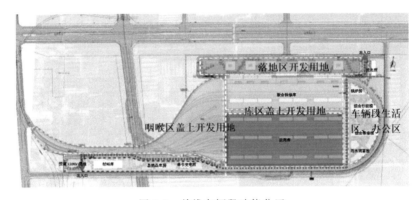

图1-3 单线车辆段功能分区

(2)多线车辆段

为避免土地资源占用过多,造成资源浪费、配置重复、管理分散等问题,在城市轨道交通建设中通过统筹布局地铁车辆段,因地制宜地建设多线共址车辆段,可以有效达到资源共享,提高土地集约利用,降低开发成本(见图1-4)。

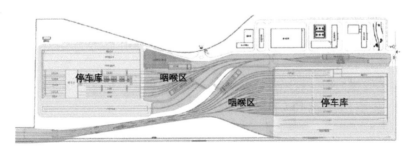

图1-4 多线车辆段功能分区

1.1.3.2 按照建造标高分

按照建造标高的不同可将地铁车辆段分为地下车辆段和地上车辆段两种类型。

（1）地下车辆段

此类型车辆段的地面标高低于周边市政标高，大板标高基本与周边道路持平（见图 1-5）。车辆段用地为独立的地下空间，与周边市政道路衔接性较好。对于地下车辆段来说，多线车辆段和单线车辆段对周边的影响一样大，但多线车辆段比单线车辆段能预留出更多的落地区。

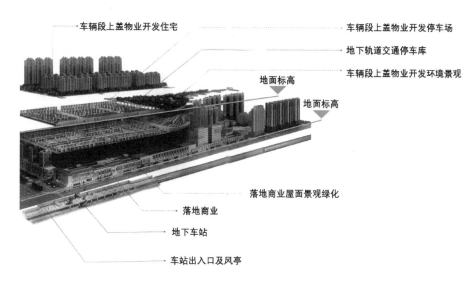

图 1-5　地下车辆段示意

（2）地上车辆段

此类型车辆段的盖板高于周边市政标高，其上盖开发的交通组织需通过匝道进行衔接，与周边环境的融合性较差，但运营环境较好（图 1-6）。与地下车辆段一样，多线车辆段比单线车辆段能预留出更多的落地区，但同时面临运营环境差、造价高的问题。

图 1-6　地上车辆段示意

1.2 地铁 TOD 车辆段上盖开发

1.2.1 TOD 的理论缘起与概念

TOD(Transit Oriented Development,公共交通导向发展)是 20 世纪 90 年代以后城市规划设计领域出现的重要理论之一。1993 年,彼得·卡尔索普(Peter Calthorpe)在其著作《未来美国都市:生态、社区和美国梦》(*The Next American Metropolis:Ecology, Community,and The American Dream*)中首次明确和较为系统地阐述了 TOD 概念[2],被认为是 TOD 理论的正式提出。

1.2.1.1 TOD 的理论缘起

(1)城市危机中的现实背景

自 20 世纪 60 年代美国通过联邦资助公路建设法案,小汽车逐渐成为美国城市的主要交通工具。小汽车极大地提升了人们的机动性,同时也极大地改变了城市空间形态与土地利用方式。在空间形态上表现出以小汽车为导向的交通方式所支撑的城市蔓延,在土地利用上则出现如大规模低密度居住区等单一使用的功能区域。根据美国交通研究协会对城市蔓延的相关研究[3],城市蔓延的不可持续性表现在对土地资源利用的不经济、市政基础设施的投入加大而财政难以支撑、交通的出行次数和出行总量的增加、低密度的松散的外部形态以及就业岗位和人口空间分布的不平衡带来的一系列社会问题。

(2)新城市主义与精明增长的理论背景

为了反思快速扩张的城市发展模式,遏制郊区化带来的低密度蔓延、高度社会隔离、严重依赖小汽车等种种问题,美国"新城市主义""精明增长"等理念发展起来,掀起了一场城市规划领域的改革运动。

1996 年,第四届新城市主义大会发布了《新城市主义宪章》(*The Charter of New Urbanism*),标志着新城市主义理论的成熟,也为城市规划和城市设计提供了具体的指导。《新城市主义宪章》首次强调了整体的、连续的、区域范围的城市规划和设计,关注各种规模、层次的城市更新。它关注邻里社区,崇尚传统的邻里模式,认为将现代观念与传统模式相结合才可以重塑适宜居住和可持续发展的社区和城市;同时,它强调区域性的大运量公共交通在宜居城市设计中的核心作用,提出了城市交通与土地利用一体化的城市发展之路。[4]

2000 年,美国规划协会联合 60 家公共团体组成了"美国精明增长联盟"(Smart Growth America)。2003 年,美国规划师协会在丹佛(Denver)召开规划会议,会议的主题即为用精明增长来解决城市蔓延问题,指出精明增长有 3 个主要要素:(1)保护城市周边的乡村土地;(2)鼓励嵌入式开发和城市更新;(3)发展公共交通,减少对小汽车的依赖。[5]

虽然新城市主义与精明增长在研究视角、发起组织和推动人员方面有一定差异,但两者存在着许多关联与互补,两者的核心理念也有重叠,包括:构建邻里社区,创造适宜的步行环境,倡导紧凑式发展以及以公共交通引导城市发展。新城市主义与精明增长都强调将大运量公共交通纳入整个区域与城市的总体规划设计中,注重公共交通在宜居城市设计中的核心作用。这也为后来 TOD 城市发展模式的形成提供了理论基础。

1.2.1.2 TOD 的概念

TOD 为城市提供了一种有别于传统发展模式的、依托公共交通尤其是轨道交通的、新的交通与土地利用耦合的模式。经过近 30 年的理论探索和实践,TOD 作为一种支撑精明增长、拉动地方经济以及满足变化的市场需求与提供多种生活方式选择的手段,在实践中已经取得了不错的成绩。[6]TOD 理论在发展过程中,形成了 3 个典型特征,即著名的 3D 原则:土地混合开发(Diversity)、高密度建设(Density)和宜人的空间设计(Design)。然而,对于不同层次尺度的 TOD 定义,目前尚未形成统一的认识。本书列举如下几种较为典型的 TOD 概念定义(见表 1-2)。

表 1-2　典型的 TOD 概念定义[7]

序号	定义提出者	TOD 概念定义
1	彼得·卡尔索普(Peter Calthorpe)	TOD 是一种以公共交通站点为核心的、距离中心站点和商业设施大约 400 米步行距离的土地混合使用的社区。社区内部客观上鼓励公共交通的作用,强调创造良好的步行环境。[8]
2	伯尼克与塞维罗(Bernick,Cervero)	TOD 是一个以公共交通站点为社区中心,通过合理的设计,减少人们对小汽车的使用,更多地使用公共交通,布局紧凑、混合土地功能的社区。这样的社区以公交站点为中心,约 400 米为半径,相当于步行 5 分钟的距离,公共设施和公众空间环绕公交站点布置[9],公共设施成为区域内重要的活动中心,公交站点负责与其他区域相衔接。
3	弗赖里希(Freilich)	TOD 是一种新的城市开发方式,倡导大容量公共交通运输的使用,采用土地混合使用以及多元化的建筑设计风格取代单一的土地使用形态。
4	马里兰州交通部(Maryland Department of Transportation)	具有一定的发展密度,包括多种用地功能混合于一个大型公共汽车或轨道交通站点的适于步行范围之内,允许汽车交通的同时,提倡步行和自行车等慢行交通的设计理念。

续表

序号	定义提出者	TOD 概念定义
5	加利福尼亚州交通部（California Department of Transportation）	中高密度的土地利用开发形态,将居住、就业、商业等混合布置在一个大型公交站点周围且适于步行的范围之内,鼓励慢行交通,同时不排斥汽车交通。TOD 以有利于公共交通的使用为设计原则。

综合以上定义,TOD 是"以公共交通为导向的发展模式",以车站为中心、以 400～800 米(5～10 分钟步行路程)为半径建立城市中心。TOD 的特点在于集工作、商业、文化、教育、居住等为一身的"混合用途"。TOD 是一种高效便捷的生活方式,其核心内涵在于距离地铁站步行多长时间、周边有多少公共交通、开车出行是否顺畅、配套服务是否完整。

1.2.2 TOD 模式的开发意义

对于高人口密度的中国城市而言,以小汽车为主导的城市发展必然造成环境和社会发展的不可持续,而 TOD 作为一种以公共交通为导向的城市规划技术手段,提倡紧凑、混合用地布局和公共空间,为中国的城市,特别是中国大城市的结构布局以及土地利用模式的调整提供了新的发展视角。[10]TOD 模式对于中国城市的开发意义有如下三个方面。

1.2.2.1 社会意义:交往与融合

TOD 邻里单元促进社区生活的复兴。TOD 邻里单元围绕大容量公共交通站点组织城市生活,社区内拥有明确的公共中心以及公共化的城市街道、广场和公园等。由于在私有领域内,城市生活是无法开展与繁荣的,因此 TOD 邻里单元设计的重点就在于为市民提供多样化的公共场所,为人们的公共生活提供舞台。TOD 站点周边是多功能混合的重要区域,也是整个城市和区域的发展节点。对于商业开发来说,在倡导城市、片区、街区集约混合模式的发展理念下,TOD 邻里单元应该为居民提供从零售到工作等的多层次、不同规模的服务。如邻里中心提供小商店、餐馆等日常生活服务;城市片区中心提供小型商业、办公、教育和其他公共服务等社会商业服务;而城市中心将提供大型商业、办公、城市大型公共服务设施等城市性的综合服务。

TOD 共享交通可减弱社会的隔离。严重依赖汽车的城市建成环境会引发空间可达层面上不同阶层的分离。小汽车使用者可以获得出行的自由,几乎可以到达任何地方,而无法使用小汽车的人出行则受到一定的限制。TOD 模式主张通过大容量公共交通的建设来引导城市集约化的多中心发展,将城市增长的需求限定在交通沿线具有复合功能的组团社区中。在这些组团社区中,居民在年龄、阶层和收入等方面都呈现出多样性。TOD 发展理论希望通过这种大容量公共交通与城市土地利用相协调发展的方式来帮助缩小由于机动化程度不同而产生的社会差距。[11]

1.2.2.2 经济意义:优化与平衡

TOD 引导城市的布局优化。现代化的城市越来越繁荣,城区面积也越来越大,想要在偌大的城市之中让人们自由出行,就需要良好的城市布局,而 TOD 模式就是基于公共交通而建设的社区。这种模式能够以公共交通来引导城市的形态,并从区域规划的层面来配套整体,只要适度合理地规划和开放,就能让城市布局更加优化。

TOD 兼顾多种功能的平衡。TOD 发展模式的空间结构为实现居住、就业和商业的平衡创造了条件。TOD 站点周边是多功能混合的重要区域,同时又是整个城市和区域的发展节点。这些节点的有效连接将形成整个区域发展的重要的社会经济基础。以 TOD 模式规划建设的社区能够通过公共交通系统将多个 TOD 社区紧密地联系起来,使各个区域之间的可通达性变得更高效。因此,TOD 模式可以通过交通站点来设置城市中心和空间上的完美融合,从而承担起城市中心商业配套、交通枢纽等多方面的重要功能。

1.2.2.3 环境意义:低碳与紧凑

TOD 建立低碳的综合交通体系。在以 TOD 模式建设的社区中,不仅能够增加社区活动,同时也有足够的产业可以为大家提供更多的就业机会,让生活在该 TOD 模式覆盖的区域内的人们能找到合适的工作。逐渐发达的轨道交通和公交巴士枢纽能够有效缓解城市各个区域之间的交通压力。TOD 发展模式规划的核心在于减少对小汽车的依赖,提高公共交通的使用效率,鼓励在邻里和街区范围内步行、骑自行车或乘公交车出行,但它并不反对小汽车,人们可以根据地方的政策、自身情况及其他因素选择合适的交通工具,从而保证城市交通的协调发展和城市多样化的综合交通体系的建立。[12]

TOD 强调紧凑的开发模式。TOD 强调从对外扩张的、低密度的城市蔓延转变为向城市内部挖潜力、紧凑混合的开发模式。一方面,较高的城市密度将容纳更多的社会活动,紧凑混合的空间布局将使得日常生活可以在较小出行半径内完成,填充式开发和更新开发可以很好利用现有的基础设施,用较少的土地来实现相同的建设规模和功能联系,从而达到节约土地和资源、保护公共开放空间的目的。另一方面,城市规模和密度与交通能耗相关,紧凑混合的空间布局将有助于广泛利用低能耗与低排放的大容量公共交通和慢行交通,有助于减少出行距离与出行时间,最终实现减少城市交通运营的能源消耗与废气污染的目标。

1.2.3 地铁 TOD 车辆段上盖开发的概念

寸土寸金的香港作为车辆段上盖物业开发的先行者,“上盖物业”概念就出自于香港地铁的运营实践经验。[13]“地铁车辆段上盖物业开发”是指在不影响车辆段政策规范的前提下,对地铁车辆段建设用地的上方或邻近周边进行民用建筑二次开发建设的开发方式,是由地铁建设创造出的新价值载体。车辆段在满足自身功能的前提下,通过在车辆段土地内增设柱网,架设结构转换层,在厂房的结构转换层上进行物业开发,并配建完善的配套,最终达到土地集约化的目的。地铁上盖的物业形式包括住宅、公寓、商业、酒店或其他公共设施。地铁上盖物业开发的模式实现了地铁正外部效应的内部化,同时也避免了政府设立专项地铁建设资金开发链过长的问题,是一种促使地铁公司走出亏损运营困境的较为有效的方式。

"地铁 TOD 车辆段上盖开发"可以看作是将 TOD 模式应用到地铁线端头的地铁车辆段上盖物业开发。从这一角度出发,地铁 TOD 车辆段上盖开发无疑将提升房地产价值。充分利用地铁的便捷性等特点,依然需要贯彻 TOD 模式的 3D 原则,即土地混合开发、高密度建设(见图 1-7)、宜人的空间设计。由于车辆段占地面积较大,车辆段上盖综合开发将形成较大的社区,需设计完备的配套设施,包括学校、消防站以及上盖专用进出坡道等。

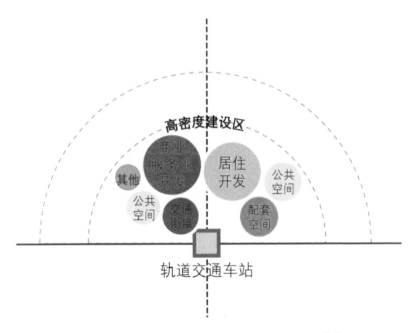

图 1-7　地铁 TOD 车辆段上盖综合开发剖面示意[14]

1.2.4　地铁 TOD 车辆段的用地类型与开发模式

1.2.4.1　地铁 TOD 车辆段的用地类型

典型的 TOD 主要由以下几种用地功能结构组成:核心商业区(Core Commercial Areas)、办公/就业区(Office/Employment Areas)、TOD 居住区(TOD Residential Areas)、次级区(Secondary Area)、公共/开敞空间(Public/Open Space)等。[1][15] 地铁

TOD 车辆段的用地类型是在典型的 TOD 功能结构基础上的进一步细化(见图 1-8)。

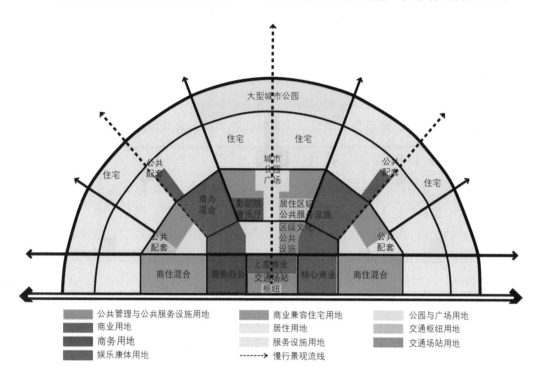

图 1-8　组团级站点圈层式功能布局

　　(1)核心商业区:TOD 必须拥有一个紧邻公交站点的混合使用的核心区,核心区内的商业用地所占面积至少占整个 TOD 面积的 10%,其大小和混合利用的程度应随所在 TOD 的规模、位置及其在区域里的功能定位而变。该区域提供商场、超市、餐厅、影院及其他娱乐设施,使得 TOD 内和次级地区的居民和就业者通过步行或自行车就能完成基本的购物和生活出行。

　　(2)办公/就业区:为了降低居住与就业岗位分离带来的钟摆式通勤交通的压力,TOD 必须实施居住与就业岗位的平衡布局,因此 TOD 内一般需布置办公/就业区。通常办公/就业区紧邻公共交通站点布置,倡导居民更多地依靠公交完成长距离的工作出行,从而保证公共交通的出行效率。

　　(3)TOD 居住区:TOD 居住区是指 TOD 公交站点步行服务范围内的居住用地。不同类型住宅混合的要求不同,TOD 内居住区的居住密度应当满足不同类型住宅混合的基本要求。为满足公交线路布设要求,邻里 TOD 的最小平均居住密度应不低于每公顷 18 个居住单元,城市 TOD 的最小平均居住密度应不低于每公顷 25 个居住单元。为了满足轨道和快速公交线路的客源支撑,居住密度还需要进一步提高。

　　(4)次级区:TOD 鼓励高密度使用土地,但同时以公共交通站点为核心往外围扩散多种层次的用地选择,从而可以为更大范围的人口提供服务,也有利于 TOD 的核心商业区的完善和发展,并能得到稳定的公共交通使用客源。紧邻 TOD 的外围低密度开发地区被称为次级区。次级区通常紧邻 TOD 的外围边缘,距公交站点的距离在约 1600 米之内;在次级区内必须有与公交车站及核心商业区直接相连的街道和自行车道。在次级区内,应规划设置适量低密度的住宅用地、教育用地、公园、就业岗位较少的商业用地及换乘停车场。同时,容易与 TOD 核心商业区形成竞争的商业、公共设施不宜设置在次级区内。

(5)公共/开敞空间:TOD 内部应为人们提供良好的步行和交往空间,这种公共/开敞空间包括公园、广场、绿地等公共设施及担当此项功能的公共建筑。

1.2.4.2　地铁 TOD 车辆段的开发模式

根据对近年来国内地铁车辆段开发案例进行的分析总结可知,按功能类型来分,地铁 TOD 车辆段主要有居住主导型、景观主导型、公共服务设施主导型、商业功能主导型、绿化景观主导型等由单一功能主导以及多种功能复合型的功能组合的模式(见表 1-3)。在单一功能主导的地铁 TOD 车辆段开发模式中,以居住功能为主导的上盖物业属于内向性的城市功能组团,强调以内部居民的生活需求为规划设计的重点,侧重居住区自身功能的完善和与城市交通的衔接;以商业、文化体育等公共服务功能为主的上盖物业属于外向性的城市功能组团,其辐射范围较大,对周围城市功能起补充作用,注重对城市活力的激发和城市生活的服务。另一种复合功能开发模式为以商业、办公、住宅、酒店等多种功能复合的上盖模式。地铁车辆段提供了一个复合城市公共服务功能的平台,因此复合功能型的车辆段开发模式逐渐成为未来开发的趋势。[1]

(1)单一功能主导型

①居住主导型:在以居住为主导功能的车辆段上盖物业开发中,有居住功能的设施占据绝大部分的用地,而商业、酒店、文体设施等具有服务性功能的大多作为配套设施。这种类型是最早在中国的一线大城市出现的车辆段开发模式,如北京的四惠车辆段等。由于这类城市经济发达、轨道交通建设较完善且人口基数大,因此对住房的需求量较大。利用车辆段与地铁站点较近的交通优势建设居住区能充分挖掘 TOD 模式的优势,从而为地铁站点的后续开发培养消费群体,提高片区活力,同时解决居住问题,加快资金回收。

②大型公共服务设施主导型:以公共服务设施为主导的地铁车辆段上盖物业开发通常以公园、文化展览以及体育等公共服务设施为主,能够完善城市功能并提升周围地段的土地价值。早年投入运营的位于城市中心区的车辆段,有着地理位置好、对人居环境影响较大、二次开发较难等特点。在城市规划建设的过程中,文体、会展等大型公共服务设施投资回报率低,因此投资主体多为政府。大型公共服务设施主导的车辆段上盖,如广州厦滘车辆段,既能满足空间和结构上的要求,同时也能利用轨道交通的优势保证需求人群的可达性,形成集展览、游憩绿地于一体的交通主题公园。

③商业主导型:以商业为主导的地铁上盖物业开发,一般利用停车库等部分的上盖空间设置一个独立的大型购物中心或规模较大的商业综合体,商业功能在所有上盖开

发功能中的比例达到 40% 以上,以商住酒店、休闲娱乐和办公等作为配套功能。通常情况下,这类车辆段开发与地铁站点联系十分紧密,充分利用地铁交通的客源,同时以商业综合体为中心,结合周围的城市居住功能,相互共生形成一个城市商圈,提高土地价值,补充城市功能。

④绿化景观主导型:以绿化景观为主导的上盖开发适合于那些处于环境敏感地区或城市中心区内对环境影响较大的车辆段。绿化景观的上盖开发模式具有对车辆段本身功能影响小、对建筑结构要求小、经济投入小、投资回报率低等特征,投资主体多为政府。在规划过程中可将不适合高密度开发的车辆段纳入城市公园绿地系统中,并由政府和车辆段建设主体协调对其进行投资建设。从构造城市景观的角度来看,人性化的立体交通联系周围使用人群,充分增加其使用率,同时结合周围的绿地公园设施打造一体化游憩体验;从环境可持续角度来看,绿化景观主导的车辆段上盖物业开发对周边环境具有隔热降温、增加负离子等生态功能,在降低车辆段建筑的能耗的同时,可改善盖下工作人员的工作环境。

(2)复合功能型

复合功能型的车辆段上盖物业开发,根据车辆段区位、规模和周围城市功能的不同,其构成形成不同的组合形式。复合型的车辆段上盖物业强调将多样化的功能整合,形成一个区域的综合中心,发挥资源整合的优势。其功能主要包括商业、居住、休闲娱乐、办公酒店等,通常居住和商业功能的占比较大。从空间形态的角度来看,复合功能型的上盖开发大多以建筑群的形式出现,也有个别案例采用集中式的建筑形式来复合多种功能。复合型的上盖物业开发,有利于形成功能完善的城市综合中心,最大化提高区域的活力,同时提高土地的利用率,增加投资的回报率。

表 1-3　地铁车辆段上盖物业主体功能与功能组织模式[1]

功能构成类型		主体功能	平面功能组织	竖向功能组织
单一功能主导型	居住主导型	政府租赁房 保障性住房 商品房		
	大型公共服务设施主导型	文化设施 体育设施 展览设施		

续表

功能构成类型		主体功能	平面功能组织	竖向功能组织
单一功能主导型	商业主导型	商业设施 办公设施 餐饮设施 休闲娱乐	周边建筑 居住 商业 交通换乘 绿化 办公	居住 周边建筑 绿化 商业 办公 车辆段 地铁站
	绿化景观主导型	绿化景观 公园广场	体育设施 商业配套 公园 周边居住 交通换乘	公园、体育 居住 车辆段
复合功能型		商业 酒店办公 休闲娱乐 居住 交通枢纽	酒店 办公 交通换乘 商业 公园 居住	居住 居住 绿化 办公 商业 交通换乘 商业 车辆段 地铁站 公交站

1.3　地铁车辆段的 TOD 上盖商业开发

1.3.1　地铁车辆段的 TOD 上盖商业开发的优越性

随着我国城市化进程不断加快,城市轨道交通开发规模不断扩张,地铁线路的不断增加导致车辆段的建设数量进一步增长,车辆段对于区域周边的影响也越来越大。地铁车辆段作为城市轨道交通基础配套服务设施,其本身功能混杂,占地规模较大,与环境的融合度与亲和度较低。将 TOD 的开发理论与地铁车辆段开发建设有机结合,推动地铁车辆段的 TOD 商业开发,成为城市未来轨道交通发展的重要建设方向。结合国内车辆段上盖物业开发多年的实践案例,依托地铁车辆段进行上盖综合开发具备的客观优势主要体现在政策扶持力强、商业客流量大、综合回报率高和实践经验丰富这几个方面。

1.3.1.1　政策扶持力强,开发阻力低

我国的轨道交通建设从 20 世纪 50 年代开始进入起步阶段,为应对当时复杂的国内外形势,国内开展的轨道交通建设原则上以人防和战备设施为主。在改革开放后,随

着国民经济的迅猛发展、人民生活水平的提高、城市化进程的加快,城市土地扩张带来了交通拥堵等城市问题。为解决交通需求,北京、上海等一线城市开始加快建设城市轨道交通,城市轨道交通也日益成为交通系统中一个重要组成部分。我国城市轨道交通建设历经将近70年的发展,民众对其环保性及便捷性的认可度逐渐提高,如今中国城市轨道交通建设已进入黄金发展期。截至2018年底,中国地铁以5013.3千米的总运营里程排名全球第一,中国33个城市共配有177条地铁线。[16]

轨道交通的蓬勃发展推动了轨道交通配套设施的发展,随着地铁车辆段等配套基础设施加上需求的增长,车辆段空间的开发和利用也成为城市发展的重要部分。随着国内房地产市场的迅猛发展,一、二线城市的土地价值迅速提升,车辆段作为城市开发过程中相对独立完整的用地,综合开发的诉求越来越高。随着二线城市经济水平的不断提升,如杭州、成都等近年来陆续出台了城市轨道交通空间开发一体化细则,推动车辆段商业开发的政策脉络逐渐从一线城市延伸到二线城市(见表1-4)。土地政策方面,土地供应方式更加趋于灵活,注重对轨交物业及土地综合开发的指导,为车辆段沿线土地开发提供政策支持。在制定城市规划相关政策时,重视TOD规划与线网规划统筹同步,此外对开发收益分配政策给予进一步的完善和明确,促进综合开发收益分配更加细化。可见,近两年政府出台的轨道交通相关政策逐步导向"地铁＋物业"的综合开发,其中如何推动城市地铁车辆段商业一体化建设,已经成为政府大力扶持的重中之重。

表1-4　部分城市轨道交通相关政策一览

城市	出台时间	政策名称	政策内容
上海	2014年	《关于推进上海市轨道交通场站及周边土地综合开发利用的实施意见(暂行)》	对轨交物业及土地综合开发提出了相关指导
	2014年	《上海市轨道交通车辆基地综合开发建设管理导则(试行)》	创新了轨道物业开发的审批机制和建设方式
	2016年	《关于推进本市轨道交通场站及周边土地综合开发利用的实施意见》	对2014年暂行政策的进一步明确和完善
广州	2009年	《广州市推进轨道交通沿线土地和物业开发工作方案》	明确"地铁＋物业"开发体系
	2017年	《广州市轨道交通场站综合体建设及周边土地综合开发实施细则(试行)的通知》	为沿线土地开发提供政策支撑

续表

城市	出台时间	政策名称	政策内容
深圳	2010 年	《深圳市轨道交通条例(征求意见稿)》	进一步推行地铁上盖物业开发建设
	2013 年	《深圳市国有土地使用权作价出资暂行办法》	确定国有土地使用权作价出资在市地铁集团有限公司、市机场(集团)有限公司、市特区建设发展集团有限公司先行先试
杭州	2018 年	《杭州市城市轨道交通地上地下空间综合开发土地供应实施办法》	明确了综合开发的原则,对供地方式、规模控制、建设周期、保障措施等给予优化和细化
成都	2019 年	《成都市轨道交通场站综合开发实施细则》	为 TOD 综合开发提供了具体操作层面的实施办法

1.3.1.2 商业客流量大,市场潜力高

据交通运输部统计,2018 年,我国城市轨道交通全年累计完成客运量 210.7 亿人次,同比增长 14%。城轨交通完成客运周转量 1760.8 亿人千米,比上年增长 15.7%。全国城市日均客运量为 177.7 万人次,较上年增长 1.7%。[17]

根据对全国 11 个城市的统计,2018 年全国城市轨道交通使用率整体达到 47%,大部分一线和二线城市的城市轨道交通使用率均在 40% 以上,轨道交通在公共交通中的作用愈发凸显。

城市轨道交通的蓬勃发展带来了巨大的客流,沿线土地随之增值,同时改善了已有的商业环境和区位布局,在潜移默化中对人们的消费习惯带来了影响和改变。地铁带来巨大人流的同时也意味着巨大的商机,对于开发商而言,命题就变成了如何将"乘客流"转化为"顾客流",把人留住成为关键。将 TOD 的理论运用到地铁车辆段开发建设之中,推动地铁车辆段的 TOD 商业一体化开发,一方面可以打破车辆段对于城市建设的割裂,促进上盖开发区域与地铁车辆段周边环境结合共融,从而带来更多的人流、客流;另一方面可以利用轨道交通带来的人流,对车辆段周边区域的城市功能重组提升,在改变车辆段周边环境的同时使区域发展更具活力。推进地铁车辆段的 TOD 商业开发,能够实现两者相辅相成,形成良性循环,最终达到多方共赢。

1.3.1.3 地块溢价率高,投资回报大

地铁车辆段作为城市轨道交通的配套服务设施,与地铁线路相伴相生、紧密结合,自身功能的复合性使得车辆段一般占地规模较大。一线车辆段用地规模约 30 万平方

米,二线车辆段用地规模约 60 万平方米,三线车辆段用地规模约 100 万平方米。以最小规模一线车辆段为例,一个大库上盖居住建筑面积即可达到 15 万平方米,居住人口约 5000 人,配合落地区即可形成 5 分钟生活圈居住区。这意味着单位车辆段居住人口(5000 人)就可以支撑起一个 8000～10000 平方米的社区商业,地铁车辆段天生就具备着理想的去化率和商业开发潜力。

车辆段上盖开发本身就是房地产开发的一种。从城市规划的角度讲,地铁车辆段盖下部分属于城市轨道交通用地,车辆段基地的土地使用性质一般为市政用地和公共交通用地,且其运营过程中带来的震动、噪音以及其他技术问题,决定了车辆段地块的拿地价远低于正常居住和商业用地价格。对于开发商来说,若能顺利对车辆段空间进行商业一体化开发,通过居住和商业等功能板块的植入,提高所在城市片区的活力,增强区域消费力的同时带动周边的发展,可以有效提高周围的土地价值,给周边地块带来的溢价超过 20%,从而获得巨大的投资回报。以徐泾车辆段为例,2015 年 2 月 2 日上海广欣投资以 21.98 亿元人民币竞得青浦区徐泾镇徐莹路西侧地块(即徐泾车辆段上盖),折合楼板价为 8000 元/平方米。待到 2017 年 3 月开盘,该地块成交均价约 60000 元/平方米,溢价极高。

1.3.1.4 实践经验丰富,借鉴案例多

早在数十年前,为实现土地集约利用,缓解城市土地资源稀缺的问题,国外发达国家就已经开展了地铁车辆段上盖开发的相关实践,在先进的规划设计理念与建造水平的引领下,发达国家的车辆段上盖物业开发整体水平较高。国内的城市轨道交通建设虽然本身起步较晚,但经历了向国外不断学习和探索的阶段,如今已取得了较为丰富的成果。自国内首个车辆段上盖商业开发——1999 年北京四惠车辆段建成至今 20 年,国内的车辆段上盖商业开发主要经历了由简单上盖阶段向一体化开发阶段迈进的过程。

早期由于缺乏经验和资金有限等原因,国内的地铁车辆段规划设计理念较为粗放,车辆段上盖商业开发大多是在轨道交通车辆段上方搭建大面积混凝土覆板,上盖较低品质的多层住宅,商业形态较为单一。通过不断对简单上盖开发的探索,香港和内地总结了经验教训后,开始逐渐向物业综合开发阶段转型。尤其是香港地铁经过30 多年的发展,已经形成了成熟的"R＋P"(Railway＋Property)模式,就是把轨道交通的建设、管理和开发有机结合起来。前期主要工作是建设地铁线路和地铁站,后期利用车辆段及站点的上盖空间引入集约化的复合功能,围绕车辆段打造商圈和住宅,已然形成成熟的复合化功能和便捷交通方式相结合的开发模式。随着我国城市化进程的不断推进,城市土地资源越发珍贵,与此同时,地铁车辆段上盖开发的理念得到了进一步普及。目前,我国大部分经济较为发达的城市均已开展地铁车辆段上盖开发建设活动,并都取得了良好的经济效益和社会效益。这些实践所取得的先进经验和成果,为推动地铁车辆段 TOD 开发奠定了扎实的基础,本书将在第二章开展对相关案例的介绍和分析。

1.3.2 地铁车辆段的 TOD 上盖商业开发的局限性

1.3.2.1 车辆段特殊的空间形态影响上盖开发的空间组织

为满足车辆段自身功能布局,车辆段的场所空间的形态特征一般呈长条形,尤其是落地开发区的空间形态更为狭长。车辆段上盖区域的建筑按照其结构走向布置,一般呈行列式布局。这些不仅导致对上盖商业开发的空间形态要求较高,而且容易出现空间布局单调呆板的问题,从而影响上盖商业空间的打造、公共空间的围合以及空间布局的连贯,使得上盖开发的品质和消费者体验好感度有所下降。这就需要加强结构设计创新,从而在有限的条件下形成受其影响最小的合理功能布局。

1.3.2.2 车辆段单一的功能定位影响上盖开发的环境衔接

地铁车辆段作为城市轨道交通体系的组成部分之一,其主要功能是为地铁车辆的日常运营提供必要的后勤服务,功能定位十分单一。而对于商业空间来说,环境定位的要求较高,因此在车辆段固定的功能环境下,车辆段上盖商业开发空间与周边的城市环境容易被隔离开来,导致功能各自独立,与周边城市环境的衔接不够成熟。相互之间未能形成良好的功能复合体,仍然是相互封闭的个体,从而降低了车辆段商业功能对周边城市生活的辐射,也降低了上盖商业的活力。如北京地铁 1 号线四惠车辆段上盖商业开发中,虽然地铁站点能提供一定量的人流,但车辆段开发中仅提供了简单的居住功能,与车辆段周边环境衔接过渡不足,并不能满足居民娱乐、购物和工作等方面的需求,因此未能激活车辆段的商业潜力。

1.3.2.3 车辆段复杂的交通体系影响上盖开发的交通组织

车辆段上盖商业空间与车辆段相互依托,它们分别属于两个不同的实体,两者之间需要有效的交通组织进行连接。对于商业开发来说,除了需要解决好盖上和盖下的车行、人行交通流线以外,需要尽量将地铁站带来的交通人流就近引进上盖空间,并加强地铁与其他交通方式的接驳。但车辆段由于功能需求,自身具备一套复杂的交通系统,包括车辆的出入流线、工作人员的出入流线、货运车辆的出入流线、消防流线等。因此,在做好不同功能实体的空间转换的同时,还需要避免其他不需要引入商业空间的车辆段流线干扰。要做好车辆段与上盖空间交通组织衔接,必须综合考虑现场实际情况、工程造价、现场商业发展前景等要素,因地制宜、因时制宜地灵活运用不同方法。

1.3.2.4 车辆段严格的施工要求影响上盖开发的功能布局

车辆段为满足自身基础功能的需求,形成了特殊且固定的规划设计、建筑结构和施工要求,功能构成和建筑结构较为复杂,对使用空间和相应的建筑结构存在较强的工艺要求。因此车辆段的结构会直接影响到其上盖空间对应的建筑结构,从而对上盖开发的功能布局产生一定局限。对于检修库、运用库等柱网较为整齐的空间来说,这些位置的建筑结构相对简单,因此该区域上部空间利用价值较大,上盖空间的功能布局规划也相对容易。而咽喉区作为地铁车辆出入场段的通道,布满了不均匀的车辆出入线网,柱网结构复杂多变,具有不规则性,相应的上盖开发空间的设计方案要求难度较大。对于地上车辆段来说,列车停车库具有复杂的建筑结构,导致其上承重柱网的设置受到一定的限制。[19] 对于这种具有复杂结构的车辆段区域,其对应的上盖空间结构也相应复杂,高难度的施工要求直接影响上盖空间的功能布局。

此外,车辆段作为城市轨道交通的配套基础设施,本身是一个生产场所,轨道车辆频繁的出入、检修、保养等过程中时常伴随着较大的震动、噪音和灰尘,对外部环境造成了一定的污染和不利影响。而车辆段上盖开发具有将不同建筑类型整合在一起的需求,这对各自类型的建筑提出了不同的消防需求。因此,在车辆段地块进行商业开发,需要结合上述不利影响合理安排功能布局,使得有相关需求的如居住区、办公区等尽量避免噪音、震动和粉尘干扰。且需要通过规划设计手段,合理安排上盖建筑的功能布局,从而保证整体消防安全。

1.3.3 地铁车辆段的 TOD 上盖商业开发类型

地铁车辆段上盖 TOD 商业开发的模式主要分为单一功能主导型和复合功能开发型。因此,对于依托车辆段上盖用地进行开发的商业空间来说,其商业开发类型的主要划分依据是轨道交通车辆段上盖商业空间的组织形态。本书将其分为开放连续型商业空间和集中型商业中心空间两大类。

1.3.3.1 开放连续型商业空间

开放连续型商业空间主要作为配套设施,设置在单一功能(非商业)主导型以及复合功能型的地铁车辆段 TOD 上盖开发区域。在以居住或大型公共服务设施为主导功能的车辆段上盖开发中,商业并不作为主导功能,一般规模较小,作为配套型设施布置在建筑物附近形成小型街区或底商。复合型车辆段上盖开发,根据车辆段自身规模、所处区位以及周边城市环境的不同,具有不同的功能构成,通常以居住和商业功能为主,配套休闲娱乐、绿化景观等功能,打造形成多样丰富的区域中心。从空间形态的角度上来看,在复合功能型的上盖开发中,商业空间的形式大多以开放连续的建筑群的形式出现。

对于车辆段上盖开发打造的开放连续型商业空间来说,项目以配套型商业设施为主。单一功能主导型的车辆段开发区域,主要面向社区住户以及前来公共设施或场所的人群,以社区及配套服务功能为主,其通常规模较小,随机性消费客流占比较大,商业业态主要以提供快捷便利的延伸服务为主,转化为商机流的机会较小。在复合型的车辆段开发项目中,配套的商业开发对周边的城市功能起到补充作用,未来可进一步完善提升,打造成为城市次级商业中心。空间形态以开放连续街区型为主,外部空间丰富多变,容易利用交通便利带来的人流打造商业街或街区购物中心(Mall),将吸引的客流转化为商机流的机会较大(见图 1-9)。通过与周边城市功能联动融合,有利于形成功能完善的城市综合中心,提升街区活力,促进土地集约利用,从而有效增加投资的回报率。

图 1-9　开放连续型商业空间示意

1.3.3.2　集中型商业中心空间

单一商业功能主导的地铁车辆段 TOD 开发主要聚焦于商业空间的营造,商业功能在所有上盖开发功能中占比达到 40% 以上,辅以休闲娱乐、商住酒店和办公等作为配套功能注入。这类车辆段的商业开发通常利用轨道交通车辆段中功能单一、地块完整的空间,一般以停车场为主,在其上盖设置一个集中型大型购物中心或规模较大的商业综合体,形成集中的商业中心空间(见图 1-10)。这种集中式的商业空间由于用地独立,在布局上较为灵活,可根据主要功能和空间层次的要求灵活布置,具有集聚性强、各功能空间相对独立、连接方便的优势,对于车辆段的人流引导和疏散也有较大帮助。

对于车辆段上盖开发打造的集中式商业空间来说,项目本身为大型商业,一般以目的型商业为主,面向人群主要是搭乘轨道交通前来目的性消费的顾客。通过充分利用轨道交通带来的丰富客源,打造百货商店、购物中心、专业市场以及商业综合体等大体量商业空间,利用规模较大且临近地铁线路的优势,使其很容易形成城市商业中心。其中商业业态的类型多元丰富,商圈环境明亮宽阔,结合区域周边的其他城市功能如开放

图 1-10　集中型商业中心空间示意

绿地、居住功能，能够有效利用集聚效应形成城市商圈节点，从而推动区域地价提升，完善城市功能。

参考文献

[1] 张一纯.城市轨道交通车辆段上盖物业规划设计研究[D].哈尔滨:哈尔滨工业大学,2014.

[2] 卡尔索普.未来美国大都市:生态・社区・美国梦[M].郭亮,译.北京:中国建筑工业出版社,2009:77-79.

[3] BURCHELL R W,LOWENSTEIN G,DOLPHIN W R,et al. Costs of sprawl-2000:transit cooperative research program report 74[J]. Transportation Research Board,National Research Council,Washington,D C,2002.

[4] FULTON W. The new urbanism[J]. Lincoln Institute of Land Policy,Cambridge,1996.

[5] 唐相龙.新城市主义及精明增长之解读[J].城市问题,2008(1):87-90.

[6] 潘海啸,任春洋.《美国 TOD 的经验、挑战和展望》评介[J].国外城市规划,2004(6):61-65.

[7] 周玮明.TOD 模式下城市轨道交通站点周边用地开发研究[D].广州:华南理工大学,2010.

[8] CALTHORPE P. The next American metropolis:ecology,community,and the American dream[M]. Princeton:Princeton Architectural Press,1993.

[9] 王敏洁.地铁站综合开发与城市设计研究[D].上海:同济大学,2006.

[10] 李珽,史懿亭,符文颖.TOD 概念的发展及其中国化[J].国际城市规划,2015,30(3):72-77.

[11] 吴放.基于可持续宜居城市发展的 TOD 城市空间设计策略研究[D].杭州:浙江大学,2014.

[12] 李文颖.NC 地铁车辆段上盖物业开发策划与经济分析[D].南昌:南昌大学,2014.

[13] 辛兰.深圳市地铁上盖物业一体化开发模式研究[D].哈尔滨:哈尔滨工业大学,2012.

[14] 焦全虎.天津车辆段上盖开发策略分析[D].天津:天津大学,2015.

[15] 赵晶.适合中国城市的 TOD 规划方法研究[D].北京:清华大学,2008.

[16] 任杰.我国城市地铁建设现状与发展战略分析[J].企业科技与发展,2019(1):278-279.

[17] 中国城市轨道交通协会.城市轨道交通 2018 年度统计和分析报告[J].城市轨道交通,2019(4):16-34.

[18] 赵永毅.TOD 模式下地铁车辆段上盖综合体设计探索[J].智能城市,2019,5(4):34-35.

[19] 吴佳.城市轨道交通车辆段上盖物业规划设计初探——以我国深圳、香港为例[C]//中国城市规划学会,沈阳市人民政府.规划 60 年:成就与挑战——2016 中国城市规划年会论文集(05 城市交通规划).中国城市规划学会、沈阳市人民政府:中国城市规划学会,2016:741-752.

2 地铁车辆段TOD上盖商业开发案例分析

2.1　居住功能主导型

2.1.1　北京平西府车辆段

北京平西府车辆段项目位于北京市五环外的昌平区,隶属于北京地铁 8 号线,临近平西府站(见图 2-1)。该车辆段于 2011 年 11 月 30 日竣工,以配合 8 号线二期北段提前通车。北京平西府车辆段占地 28.79 万平方米,建筑面积为 1.3 万平方米,共停放列车 52 辆。

图 2-1　北京平西府车辆段区位示意

2013 年 1 月 18 日开发商京投发展中标北京平西府车辆段项目,历经 6 年的开发周期,于 2020 年完成项目交付。项目在规划过程中结合市场、时期、区位、客群等,对产品定位进行调整,将一级开发时定位的针对改善性需求的大户型产品,调整为针对首次置业和改善的刚需客户的中端产品,保证了后续项目的正常运营。车辆段总建筑面积为 43.60 万平方米,其中住宅建筑面积为 38.0 万平方米,商业建筑面积为 3.0 万平方米,配套建筑面积为 2.6 万平方米,商业面积占比仅为 6.8%,是典型的以居住功能为主导的地铁车辆段 TOD 上盖开发(见图 2-2、表 2-1)。

规划住宅建筑利用轨道交通车辆段列检库上盖空间,呈行列式集中布局,充分利用大库区平整的上盖用地。车辆段商业空间紧邻住宅区设置,利用车辆段南部长条状空地,顺应地形打造一个商业办公综合体。咽喉区由于出入线路汇聚密集,施工要求较高,在其上盖空间布置社区私属中央公园,配备有篮球场和儿童游乐区域,以满足不同年龄层业主的休闲娱乐需要。车辆段上盖商业开发项目中住宅和商业空间与地铁站点无缝连接、联系紧密,充分利用交通优势,整体打造成集高品质住宅、特色商业、生态公园于一体的多功能活力区块。

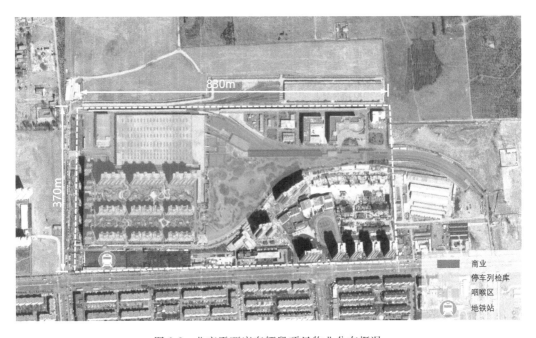

图 2-2　北京平西府车辆段项目物业分布概况

表 2-1　平西府车辆段基本信息一览

名称	地区	区位	车辆段占地面积/万 m²	车辆段总建筑面积/万 m²	开发模式	商业模式	商业面积占比/%
平西府车辆段	北京	郊区	28.79	43.60	居住功能主导型	开放商业	6.8

2.1.2　杭州七堡车辆段

杭州七堡车辆段项目位于浙江省杭州市江干区彭埠镇七堡社区。该车辆段项目毗邻沪杭甬高速公路、德胜城市快速路,临近杭州东站枢纽,是目前国内最大的地铁上盖综合体之一,隶属于杭州地铁 1 号线和 4 号线辐射范围(见图 2-3)。车辆段于 2009 年 12 月 26 日开工建设,占地面积为 38.04 万平方米,能停放 82 辆列车。

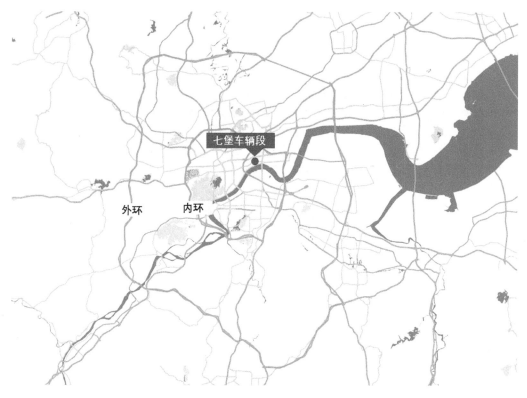

图 2-3　杭州七堡车辆段区位示意

2014 年 10 月 30 日,杭州地铁七堡车辆段综合体地块由杭州市地铁集团全资子公司杭州地铁置业有限公司联合绿城集团以 8223.56 元/平方米的楼面价竞得。综合体分三期进行:一期有地铁维修大楼、地铁控制中心、运营中心等地铁配套用房、大平台和景观绿化;二期开发大平台上的住宅与核心区办公、酒店;三期开发七堡站落地区部分住宅、商业和公寓。七堡车辆段综合体的开发不仅充分发挥了稀缺城市土地资源的价值,同时也大大提升了基地周边的城市环境。项目打破基本的社区建制,融住宅、商业于一体的生活综合体最大限度地满足了年轻群体生活与休闲娱乐的平衡所需。杭州七堡车辆段项目总建筑面积为 88.99 万平方米。其中,住宅面积为 49.18 万平方米,商业面积为 38.87 万平方米,物业及配套面积为 0.94 万平方米(见图 2-4、表 2-2)。杭州七堡车辆段项目的商业面积占比为 4.7%,总体布局较为分散。

以杭州七堡车辆段项目为例,规划住宅建筑利用大库区上盖空间,住宅规划集中规整呈行列式布局,利用了大库区平整的盖上用地(见图 2-5)。车辆段商业布局外移,在南侧主要道路形成较长的沿街商业。同时缩短社区内的商业流线,减小对居住区的影响,增加东侧的集中商业,从而形成沿街商业、商业内街、集中商业多层次的商业体验。居住区由于商业流线影响的减小,住宅品质更高,内部绿化更开敞。商业流线应用多种

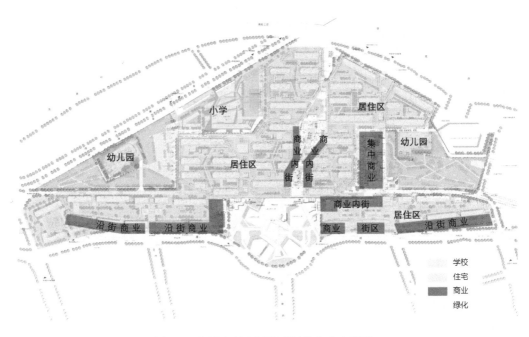

图 2-4 杭州七堡车辆段项目物业分布概况

商业形式,沿街商业、商业内街、集中商业和社区内底商(见图 2-6)。其中项目东侧多种商业形式联系感更强,营造的商业氛围也更浓厚。

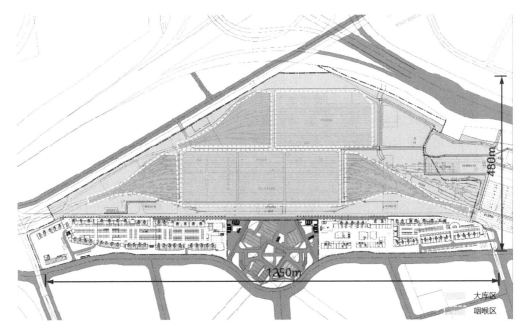

图 2-5 杭州七堡车辆段停车场车辆基地分区示意

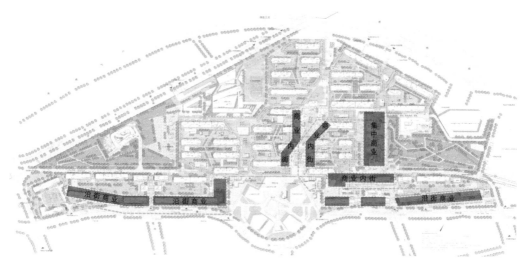

图 2-6　现方案商业流线示意

表 2-2　七堡车辆段基本信息一览

名称	地区	区位	车辆段占地面积/万 m²	车辆段总建筑面积/万 m²	开发模式	商业模式	商业面积占比/%
七堡车辆段	杭州	市区	38.04	88.99	居住功能主导型	开放商业	4.7

2.1.3　广州萝岗车辆段

广州萝岗车辆段项目位于广州黄埔区萝岗地区中心区内,临近地铁 6 号线萝岗站,也是地铁 6 号线的车辆基地之一(见图 2-7)。广州萝岗车辆段于 2015 年正式开工建造,2017 年投入运营,是广州地铁首个上盖物业发展的车辆段。车辆段占地面积为35.40 万平方米,共可停放 44 辆列车。

2018 年广州市地铁集团有限公司以总价 762441 万元、折合楼面价约 14330 元/平方米的价格中标广州萝岗车辆段上盖开发项目。2019 年 4 月广州萝岗车辆段项目通过规划审批并公示。车辆段项目主要建设于停车场车辆基地的咽喉区和停车库区(见图 2-8)。广州萝岗车辆段项目总建筑面积为 93.60 万平方米,其不同类型的物业分布如下:住宅建筑面积为 90 万平方米,商业面积占比为 2.0%,配套教育建筑面积为1.6 万平方米(见图 2-9、表 2-3)。

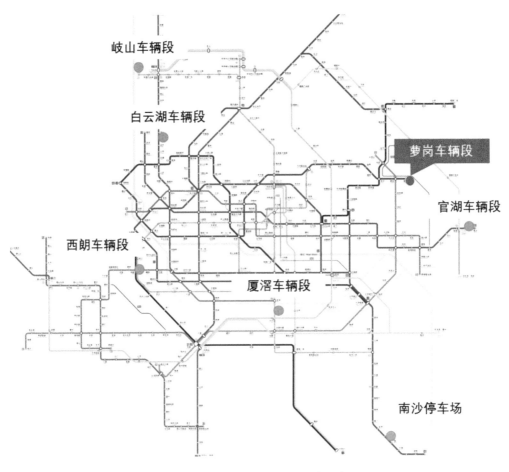

图 2-7　广州萝岗车辆段区位示意

图 2-8　广州萝岗车辆段停车场车辆基地分区示意

　　规划住宅建筑利用了大库区和部分咽喉区上盖空间,住宅规划规整中带有变化,既有行列式布局又有点群式布局,住宅组团间配有小区游园。住宅建筑的布局对于可利用空间进行灵活而充分的利用。车辆段商业空间位于地块西北部的车辆段咽喉区,围合于住宅建筑中,服务于周边居民的同时也通过半围合的建筑设计开敞于商业地块外的空间。车辆段还开发了配套的学校,满足了周边居民的教育需求。商业功能与配套服务功能为居民的基本生活提供了保障,使得车辆段内部形成生产、生活、生态的良性互动。

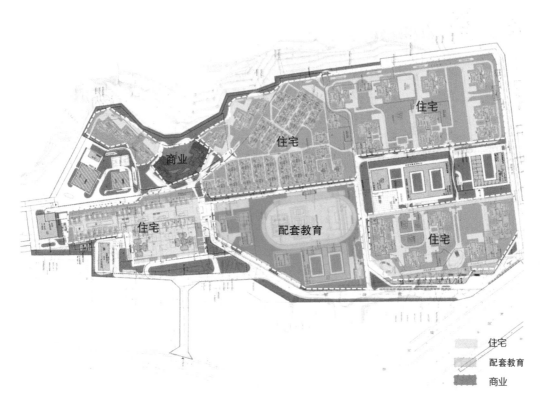

图 2-9　广州萝岗车辆段项目物业分布概况

表 2-3　萝岗车辆段基本信息一览

名称	地区	区位	车辆段占地面积/万 m²	车辆段总建筑面积/万 m²	开发模式	商业模式	商业面积占比/%
萝岗车辆段	广州	市区	35.40	93.60	居住功能主导型	集中商业	2.0

2.1.4 深圳龙华车辆段

深圳龙华车辆段项目位于深圳市龙华区大浪街道南侧和平路与布龙路交汇处,隶属于深圳地铁 4 号线,邻近龙华站(见图 2-10)。深圳龙华车辆段定位为港铁(深圳)公司全功能的车辆基地[含大架修、港铁(深圳)总部大楼、车务控制中心和主变电站]。车辆段占地面积为 21.50 万平方米,其中停车场车辆基地占地 17.1 万平米。

图 2-10 深圳龙华车辆段地铁线路示意

深圳龙华车辆段 TOD 上盖开发的荟港尊邸项目(宣传用名为天颂)由深圳港铁集团有限公司开发。项目将整合发展为一个 24 小时防风雨、连接铁路的"轨道交通 + 社区综合发展模式"的物业综合体。深圳龙华车辆段 TOD 上盖项目将会分 2 期开发,其中项目一期占地面积为 8.9 万平方米,总建筑面积达 20.60 万平方米(见表 2-4)。其中,住宅建筑面积为 19 万平方米,商业建筑面积为 1 万平方米,商业面积占比为 4.8%,集中于开发范围的东南区域。目前第二期上盖发展项目尚未发展,但已预留道路及上盖钢筋基础,方便日后发展(见图 2-11)。

表 2-4　龙华车辆段基本信息一览

名称	地区	区位	车辆段占地面积/万 m²	车辆段总建筑面积/万 m²	开发模式	商业模式	商业面积占比/%
龙华车辆段	深圳	郊区	21.50	20.60	居住功能主导型	集中商业	4.8

图 2-11　深圳龙华车辆段基地分区示意

　　天颂项目大部分建设于车辆段咽喉区,为地铁检修停靠站的车辆段地块,因其复杂功能造成的不规则形态及低荷载承受力,使得项目在规划布局一开始,便需要将住区形象、结构选型、建造落地等多维度因素纳入设计考虑。其整体规划布局在多次结构技术力量的测验研究下,对不同区域预留荷载进行验算,最终确定了低层住宅与高层、超高层住宅相结合的总体布局,包括 2 座超高层住宅大楼、7 座高层建筑、中层和联排别墅,以及会所等配套设施。配套设施中有购物商场和中央景观花园,服务该社区居民。由于毗邻城市主干道的地铁车辆段平台区,将项目与城市完全割裂。因此车行流线在规划布局基础上,围绕基地外圈设置车行坡道,从城市主干道连接至平台上方,经由长坡爬升,从城市进入住区,生活场景在行进中缓缓展开。多种人行出入口的设置,使得社区居民在城市、商业和住区之间自由穿梭。经由地铁站或室外大楼梯,人流可直接进入与地铁口统一标高的小区社区商业,在室内购物活动后直接归家。与此同时,公共交通的存在,有效为商业吸引大量外来人流,打造城市空间集聚地(见图 2-12)。

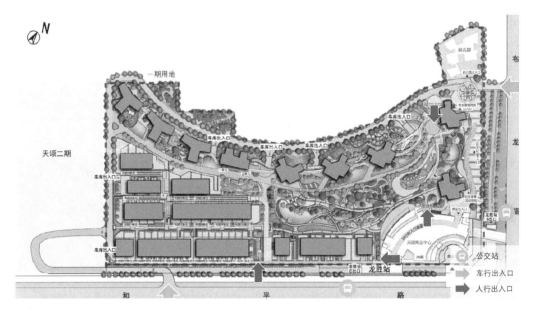

图 2-12　港铁天颂项目规划总平面

2.1.5　深圳蛇口西车辆段

深圳蛇口西车辆段项目地处深圳市南山区郊区,位于大南山脚下(松湖路 13 号),南侧紧邻兴海大道,东面为松湖路及松湖支路,处于大南山、小南山、赤湾山环抱之中。从车辆段所处区位来看,深圳蛇口西车辆段东面为高端住宅区和蛇口港,西面为工业区。车辆段隶属深圳地铁 2 号线沿线,邻近赤湾站。深圳蛇口西车辆段的功能定位为定修段,而 2 号线车辆的厂修、架修任务由 1 号线的前海湾车辆段承担。其占地面积为 17.50 万平方米,其中车辆段功能用地为 15.0 万平方米(见图 2-13)。

蛇口西车辆段为深圳地铁集团有限公司开发,上盖物业开发项目为龙瑞佳园,是深圳地铁地产首个铁路上盖项目。车辆段项目总建筑面积为 30.00 万平方米,其停车场车辆基地的咽喉区和综合用房未有上盖,住宅建筑面积为 29.5 万平方米,商业建筑面积为 0.5 万平方米,商业面积占比为 1.6%(见表 2-5)。由山海津(检修库上盖,基座设有南山区公安局公交派出所)、山海居(运用库上盖)及山海韵(运用库东北面山坡)共三期组成,目前已建成。其中第二期山海居为保障性住房,建成后可提供 10 栋、3208 套保障房,部分楼房可以观海,称得上是"海景房"。项目在中轴线二层配套有"山海·漫街"商业内街,设有超级市场、便利店等商铺。

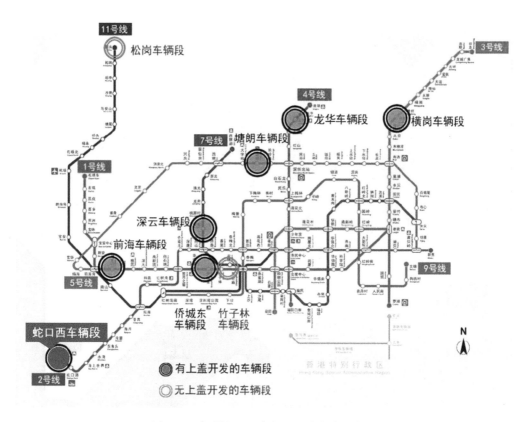

图 2-13 深圳蛇口西车辆段地铁线路示意

表 2-5 蛇口西车辆段基本信息一览

名称	地区	区位	车辆段占地面积/万 m²	车辆段总建筑面积/万 m²	开发模式	商业模式	商业面积占比/%
蛇口西车辆段	深圳	郊区	17.50	30.00	居住功能主导型	开放商业	1.6

　　规划住宅建筑利用大库盖上平整的空间,住宅规划较为规整且呈围合式布局。项目不仅为南山区供应了一定数量的商品住宅,也完成了保障性住房供应的任务。车辆段商业空间位于地块东部,分隔了山海居二期的住宅空间。商业内街体量不大,主要服务于项目内部居民,共可提供 100 多个商铺。项目内部严格控制人车流线交叉,努力创造舒适、便捷、安全的城市公共环境,使得住区、商业、配套公共服务等各个空间功能实现独立使用(见图 2-14)。

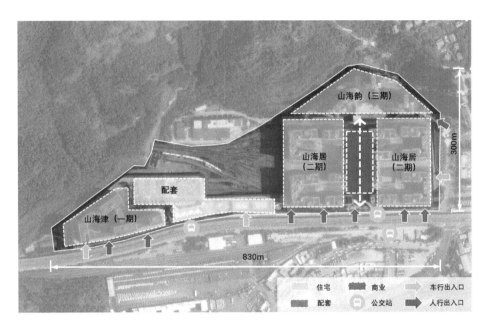

图 2-14　深圳蛇口西车辆段项目物业分布概况

2.2　商业功能主导型

　　香港将军澳车辆段坐落于香港市郊,位于香港地铁将军澳站附近支线的康城站,是香港新市镇计划的一部分。车辆段背山面海,西面及南面均为大海,东面及北面则为山(东面为清水湾郊野公园)。香港新市镇计划即是建立"自给自足""均衡发展"的卫星城,旨在解决住房问题、吸引产业迁移、缓解市区拥挤等问题。香港将军澳车辆段占地面积为 34.00 万平方米,可停靠列车 31 辆。香港将军澳车辆段 TOD 上盖项目有力地激发了区域活力,成为大陆未来 10～20 年内可借鉴的发展模式(见表 2-6、图 2-15)。

表 2-6　将军澳车辆段基本信息一览

名称	地区	区位	车辆段占地面积/万 m²	车辆段总建筑面积/万 m²	开发模式	商业模式	商业占比/%
将军澳车辆段	香港	郊区	34.50	48.00	商业功能主导型	集中商业	22.4

　　日出康城是香港铁路有限公司联合其他地产公司(如长实、南丰、新地、会德丰、信和、嘉华)开发的私人住区。同时也是港铁发展和管理的第一个大型车辆段综合开发项目。日出康城项目在 2009—2021 年的十多年间分期逐步开发,采用了"白地+上盖"的

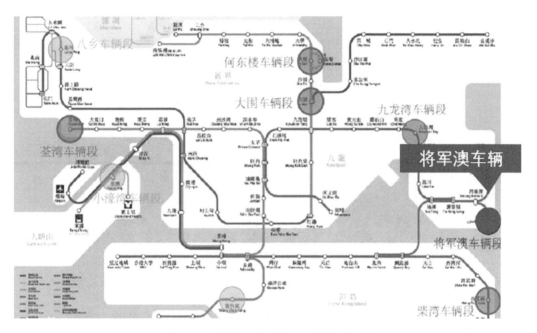

图 2-15　香港将军澳车辆段地铁线路示意

开发模式。项目预计开发 161 万平方米的住宅建筑、48 万平方米的商业建筑、5.5 万平方米的公园以及其他配套项目，如海滨走廊、中学、小学、幼儿园、社区会堂、日出公园、老人护理及训练中心、室内康乐中心、弱智或肢体弱能人士辅助宿舍早期教育及训练中心等。中心功能以车辆基地毗邻的换乘枢纽中心为主。车辆基地综合开发毗邻换乘枢纽中心，结合换乘中心设置商业、餐饮、娱乐、住宿等其他活动职能。

日出康城项目整个发展计划分为 13 期兴建，预计于 2025 年全部完成，届时将建成 50 座楼高 46～76 层大厦，提供 25500 个住宅单元，可供 63000 名居民居住。商业方面，日出康城项目内计划建造 48.0 万平方米的港铁大型商场"The LOHAS 康城"，它是康城区内首个大型商场。其商业级别、业态、TOD 模式和管理模式，与九龙站圆方同系。"The LOHAS 康城"预计 2021 年建成，届时其将配备全港最大室内溜冰场、将军澳区最大的戏院、大型超级市场、美食广场、露天餐饮区、水景广场、空中花园等。社区设施方面，日出康城设有面积超过 100 万平方英尺①住客专用绿化及休憩区，包括面积 20 万平方米、耗资 2 亿港元兴建的中央公园日出公园（内附宠物公园及水上游乐设施）、地标会所、动感公园、长 400 米的海滨走廊等（见图 2-16）。在各类型空间的组织方面，日出康城项目采用了"地面＋地下＋空中的空间组织"，以竖向传递而成的依托城市公共交通地铁站引入的大量人流进入城市综合体开发区，以横向分流用于多层次平台，并采用空中步道的形式将综合开发与城市周边建筑整合为一体（见图 2-17）。

---

①　1 英尺＝0.3048 米。

图 2-16　香港将军澳日出康城项目规划总平面示意

图 2-17　日出康城项目空间组织示意

2.3 复合功能开发型

2.3.1 北京北安河车辆段

北安河车辆段项目位于北京市海淀区五环上苏家坨镇,隶属于地铁 16 号线,临近北安河站,负责停放北京地铁 16 号线的所有列车(见图 2-18)。车辆段于 2015 年初开工建设,2016 年底北京地铁 16 号线北段通车,北安河车辆段随即投入使用。北安河车辆段占地面积为 31.54 万平方米,车辆段功能用地 26.19 万平方米,共停放 44 辆列车,堪称北京最大的车辆段。

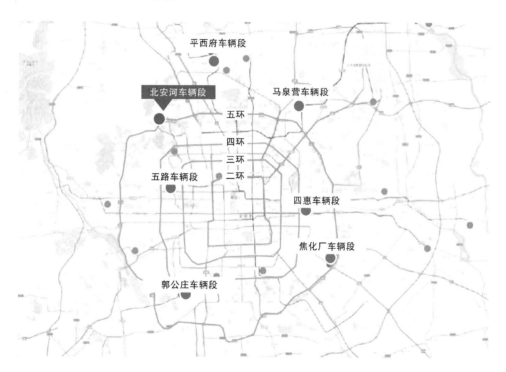

图 2-18　北京北安河车辆段区位示意

虽然体量大,但北安河车辆段又被称为"看不见的车辆段",因为自始至终都采用一体化开发设计,未来车辆段上盖的开发也将整体融入西山风景之中。2019 年初,京投发展以 63 亿元中标地铁 16 号线北安河车辆段综合利用项目。根据此前的建设方案,北安河地铁 16 号线车辆段综合利用项目将会分 5 期开发,包括建设商品房、幼儿园、商业建筑、托老所、老年活动站等。按照规划,该项目将以轨道场站为核心对项目进行一体化开发,与西山文化风景带融为一体,打造为集高品质办公环境、住宅和丰富商业配套等多种功能于一体的一站式生态城市综合体。车辆段总建筑面积为 32.00 万平方米,其中住宅建筑面积为 14 万平方米,商办建筑面积为 10 万平方米,配套建筑面积为 8.8 万平方米,商业面积占比为 31.3%(见表 2-7)。

规划住宅建筑利用大库区上盖空间,住宅规划集中规整呈行列式布局,充分利用大库区平整的盖上用地。随着海淀北部的园区建设和城镇化建设逐渐深入,园区职住平衡问题越来越凸显,北安河车辆段上盖商业开发的建设有利于完成海淀区商品住宅用地供应任务。车辆段商业空间位于地块北部,利用车辆段北部长条状空地,将其打造成一个 9 层高的商业办公综合体。以北京北安河车辆为例,商办建筑落地开发,体量规模很大,整体可形成集中大型的商业空间(见图 2-19)。商业空间与居住功能互为补充,前者为居民提供便利的生活配套,同时满足办公人群基本的生活需求,后者可以为商业功能提供稳定的消费人群,满足上班人群的居住需求。

表 2-7　北安河车辆段基本信息一览

名称	地区	区位	车辆段占地面积/万 m²	车辆段总建筑面积/万 m²	开发模式	商业模式	商业面积占比/%
北安河车辆段	北京	市区	31.54	32.00	复合功能开发型	集中商业	31.3

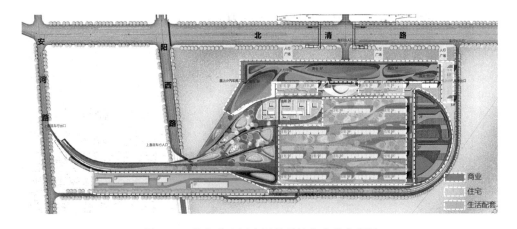

图 2-19　北京北安河车辆段项目物业分布概况

2.3.2　上海金桥车辆段

上海金桥车辆段项目位于上海浦东新区金桥开发区,轨道交通 9、12、14 号线接入基地设停车场,在基地北侧布设 9 号线与 12 号线的换乘站金海路站、东南角接入 14 号线的桂桥路站(见图 2-20)。项目占地面积为 97.48 万平方米,其中车辆段用地为 34.24 万平方米,停放车辆数达 82 辆。2015 年金桥车辆段上盖开发项目由上海盛世申金投资发展有限公司中标并投入建设,由于金桥车辆段为三条地铁线路提供服务,基地地块内各车场和车站存在建设进度不一致的情况,车辆段上盖开发项目也分为两期进行。一期建设以 9 号线和 12 号线的车辆段上盖为主,二期则落成 14 号线车辆段及 9、12 号线咽喉区围合的落地区建设,受车辆段建设时序的影响,14 号线车辆段区域为远期开发区(见图 2-21、图 2-22)。

图 2-20 上海金桥车辆段区位示意

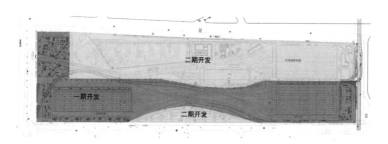

图 2-21 上海金桥车辆段分期开发示意

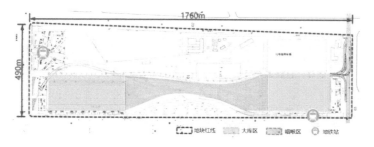

图 2-22 上海金桥车辆段范围示意

金桥开发区作为上海市重要的出口加工区,是上海市产业聚集的重要区域,处于上海外环线基地周边,离成熟的住宅社区较远,配套商业及公共服务设施缺乏。项目一期建设总建筑面积为 87.5 万平方米,其中居住建筑面积为 62.61 万平方米,公共服务建筑面积为 2.09 万平方米,基础教育建筑面积为 5.96 万平方米,商业办公建筑面积为 16.84 万平方米,商业开发面积总占比为 19.4%(见表 2-8)。车辆段上盖综合开发项目以轨道交通三线换乘枢纽和停车场地的自身条件为基础,将停车场地块大库上盖建成高层住宅;落地区依托邻近地铁站的交通优势,吸引客流,从而形成商业区;上盖咽喉区自身开发比较困难,打造成中央活动绿地。车辆段地块功能复合多元,整体建设成为公共服务设施完善、环境良好的住宅区,辅以适量的商业、办公、教育、社区服务等配套设施,以补充金桥开发区域以上配套设施的缺失,将综合开发项目所在区域建设成为地区性公共中心,以上上海金桥车辆段周边环境为例(见图2-23)。

表 2-8 金桥车辆段基本信息一览

名称	地区	区位	车辆段占地面积/万 m²	车辆段总建筑面积/万 m²	开发模式	商业模式	商业占比/%
金桥车辆段	上海	郊区	97.48	87.50	复合功能开发型	集中商业	19.4

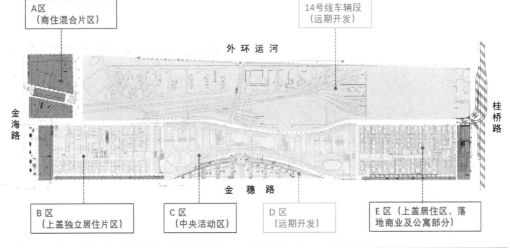

概况	A/m²	B/m²	C/m²	E/m²
总建筑（计容面积）	204920	160000	69200	190480
商业建筑	72220	16000	4800	18080
酒店建筑	57500	—	—	0
人才公寓	75200	—	—	23300
地下商业	32900	—	—	6780
地下车库	—	144000	—	149100
配套	—	—	64400	—
商业占比	35.24%	10.00%	6.94%	9.49%

图 2-23 上海金桥车辆段一期项目物业分布概况

  金桥车辆段场地主要分为 3 个标高层面 0 米层为车辆段、9 米层为住宅汽车库、14 米层为上盖建筑地面(见图 2-24)。0 米地面层沿金海路、金穗路、桂桥路,部分为落地开发的商业,其余为车辆段用地(见图 2-25)。9 米交通层在中央咽喉区设置公建配套服务及基础教育设施,在夹层车库边缘部分为社区服务商业,使居民可便捷地到达(见图 2-26)。14 米层沿金海路布置集中商业延伸至 14 米层,并于金海路及金穗路交叉口处设商务酒店,打造商业模式为 10 万平方米的中高档娱乐型一站式集中商业(见图 2-27)。

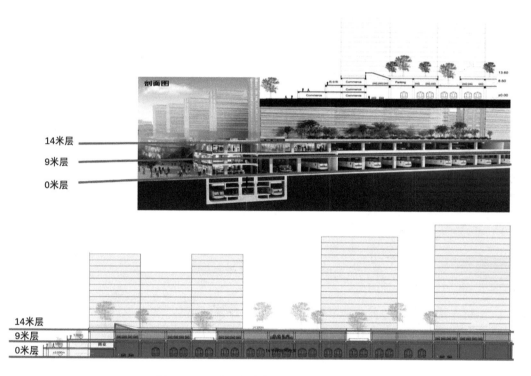

图 2-24 上海金桥车辆段剖面示意及剖面

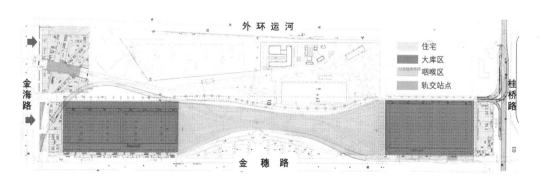

图 2-25 上海金桥车辆段 0 米标高层业态分布

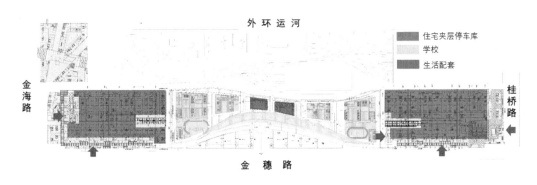

图 2-26　上海金桥车辆段 9 米标高层业态分布

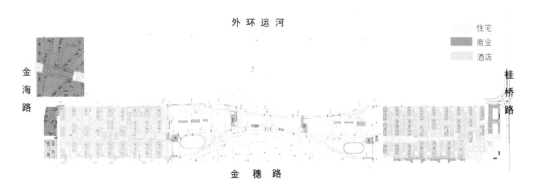

图 2-27　上海金桥车辆段 14 米标高层业态分布

　　金桥车辆段作为拥有 3 种不同标高层上盖开发的项目,其中不同标高层的轨道站点与上盖商业的衔接形式都不尽相同。0 米层设置沿街商业与市政道路平接,按照合建式的建设方法,各站厅与综合开发各功能单元之间通过垂直交通楼、电梯等或横向连廊衔接(见图 2-28)。由金海路站内设置垂直交通至商业地面进入商业内部,在桂桥路站内设置垂直交通直达地面 1、2 层商业内街,实现地铁与商业之间通过竖向垂直交通融合建设。9 米层(见图 2-29)和 14 米层(见图 2-30)都通过在商业内部设置垂直交通解决与轨道站点的衔接问题,9 米层还可由中央活动区直达社区服务商业区。

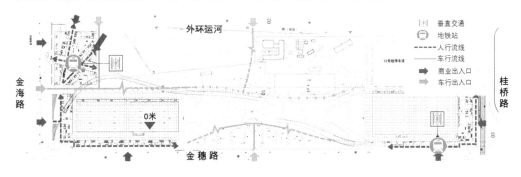

图 2-28　上海金桥车辆段 0 米标高层站点衔接示意

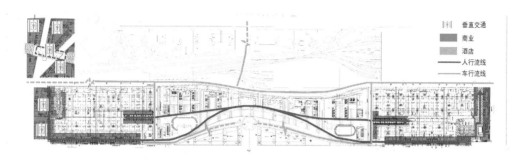

图 2-29　上海金桥车辆段 9 米标高层站点衔接示意

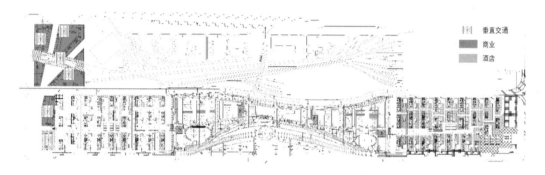

图 2-30　上海金桥车辆段 14 米标高层站点衔接示意

2.3.3　上海徐泾车辆段

　　上海徐泾车辆段项目位于上海徐汇区外环边缘,隶属于地铁 17 号线,与地铁徐盈路站相邻(见图 2-31)。根据上海地铁 17 号线的整体设计,徐盈路站的南侧设置有轨道分叉线将列车引入徐泾车辆段。上海徐泾车辆段占地面积 32.60 万平方米,2015 年以万科地产为主、申通地铁为辅中标徐泾车辆段上盖开发项目。车辆段横跨徐盈路站和徐泾北城站两个站点,规模巨大且为地上车辆段,上盖开发难度较高,因此车辆段上盖开发项目分为四期进行,总开发周期为期五年(见图 2-32)。一期于 2017 年 2 月开盘,2018 年 6 月完成交付;二期于 2017 年 11 月开盘,2019 年 12 月完成交付;三期于 2019 年 10 月开盘,目前处于在售阶段;四期的开盘时间待定。由于上盖物业开发难度大,所以上盖物业开发时间晚于落地物业,整体商业将于 2020 年底投入运营。

　　上海徐泾车辆段上盖开发融合住宅、商业、办公、会所、配套多重业态,规划打造成集居住商办、休闲娱乐为一体的综合社区中心(见图 2-33)。项目总建筑面积为 44.90 万平方米,其中住宅面积 25.4 万平方米,商业建筑面积 10 万平方米,办公建筑面积 9 万平方米,基础教育建筑面积 0.5 万平方米,商业开发面积总占比为 22.6%,持有方式为 100% 自持的运营模式(见表 2-9)。车辆段地块内开发形式分为上盖和落地两种,落

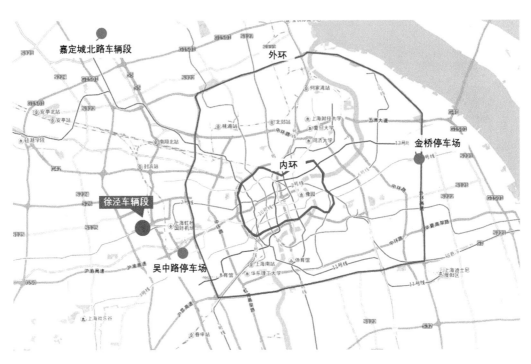

图 2-31 上海徐泾车辆段区位示意

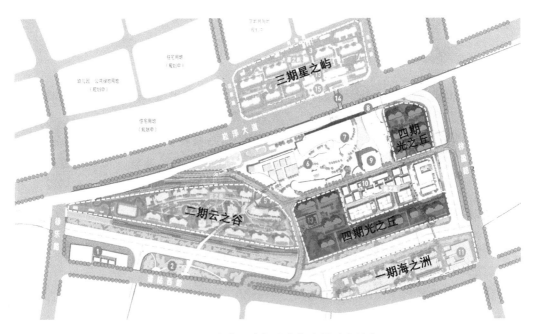

图 2-32 上海徐泾车辆段分期建设时序示意

地项目主要为三期星之屿高层住宅区和一期的海之洲住宅区,前者位于崧泽大道北部的独立地块内,后者位于地块南部紧邻配套幼儿园。上盖开发功能为商业、住宅与办公配套,商业开发临近地铁站点布置,打造大型商住综合体"天空之城",充分利用交通站点带来的商业人流,有效拉动地块价值;上盖住宅为二期的云之谷和四期的光之丘,位于大库上盖区,小部分贴近落地住宅;在商业和住宅围合的中心区域打造上盖办公及配套设施,为周边居民提供便利,补充完善区域城市功能。

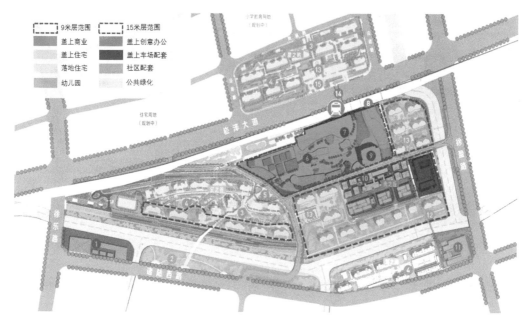

图 2-33　上海徐泾车辆段项目综合社区中心概况

表 2-9　徐泾车辆段基本信息一览

名称	地区	区位	车辆段占地面积/万 m²	车辆段总建筑面积/万 m²	开发模式	商业模式	商业占比/%
徐泾车辆段	上海	市区	32.60	44.90	复合功能开发型	集中商业	22.6

　　徐泾车辆段的基地位于地面层,上盖开发拥有两种标高,地上 9 米层为大库上盖开发区,布置商业和办公功能,地上 15 米层位于检修库上方,实现高层住宅开发。轨道站点与上盖商业的衔接采取合建式(见图 2-34、图 2-35),徐盈路地铁站点与上盖商业之间平层连接,地铁出入口通过设置过街天桥及垂直交通与地面连接,人员出入十分方便快捷,且各功能互不影响。

　　值得一提的是,通过对步行和车行系统的统筹规划,在上海徐泾车辆段基地内实现了高效便捷的生活方式(见图 2-36)。步行体系方面,由于地块跨度较大,为了避免超出

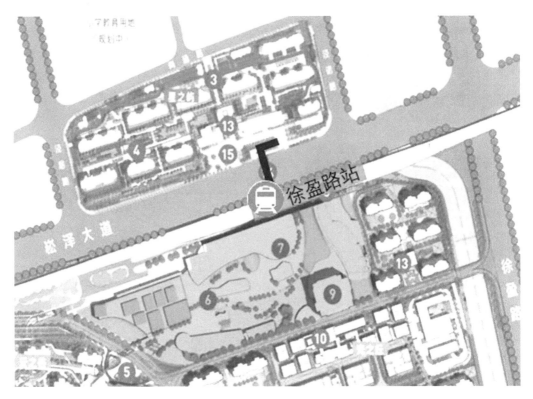

图 2-34　上海徐泾车辆段站点衔接示意

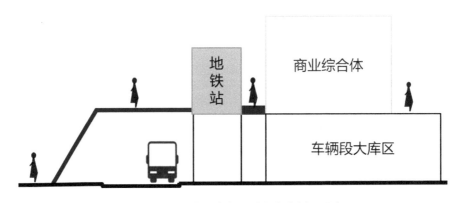

图 2-35　上海徐泾车辆段站点衔接剖面示意

800 米这个"舒适距离"的极限,设置对角直线"空中步道",直接连接住宅组团到购物中心的地铁站台,以此达到最短直线距离(见图 2-37)。除了地块内随处可见的直线空中步道与垂直交通相结合,为解决内部住宅到市政公交距离过长的时间消耗问题,还设置了专门的内部小巴进行接送。内圈接驳小巴流线与外圈社区巴士流线无缝对接,运行频率高且覆盖面广,可为业主提供最大便利。车行体系方面,在住宅设置地下停车库,解决业主车辆停放问题,商业汽车库为车辆段上盖车库,位于车辆段盖板以上和住宅地面层以下的夹层汽车库(见图 2-38)。实现土地资源的高度集约利用,同时作为上部高层建筑的结构转换层,解决技术难题。

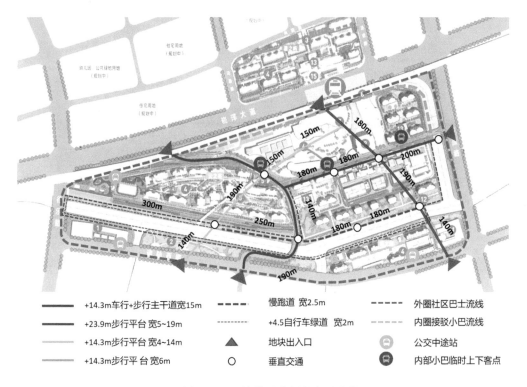

图 2-36　上海徐泾车辆段交通流线

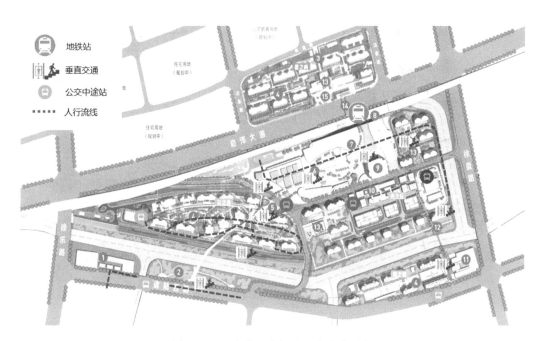

图 2-37　上海徐泾车辆段空中步道示意

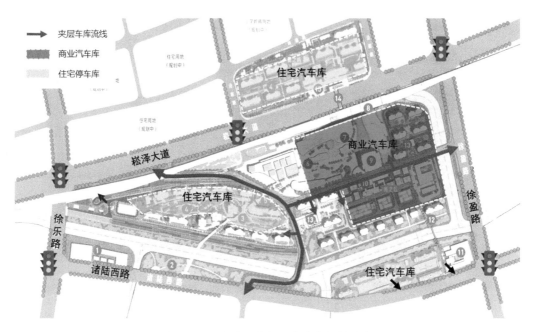

图 2-38 上海徐泾车辆段汽车库规划示意

2.3.4 广州白云湖车辆段

白云湖车辆段项目位于广州市白云区,隶属于地铁 8 号线,临近徐亭岗站(见图 2-39)。车辆段于 2018 年建设完毕并投入使用,负责广州地铁 8 号线线路配属列车的停放、列检等任务。白云湖车辆段占地 22 万平方米,共停放列车 35 辆,规模适中。

早在 2017 年,珠江实业就与广州地铁达成战略合作,成立了广州轨道交通城市更新基金,以"基金＋轨道＋物业"的模式进行轨道交通物业开发。白云湖车辆段上盖开发项目由珠江实业集团与广州地铁集团共同打造,分 4 期开发,历时 3 年的开发周期,于 2019 年 11 月开工建设,预计到 2022 年 12 月完工投入使用。按照规划,该项目将充分利用轨道场站上盖地块,打造涵盖商品住宅、高品质租赁住房、办公、商业、教育等多类型融合的城市综合体(见图 2-40)。车辆段总建筑面积为 67.00 万平方米,其中住宅建筑为 42.54 万平方米,商业建筑为 19.48 万平方米,配套建筑为 4.68 万平方米,商业面积占比为 29.2%(见表 2-10)。

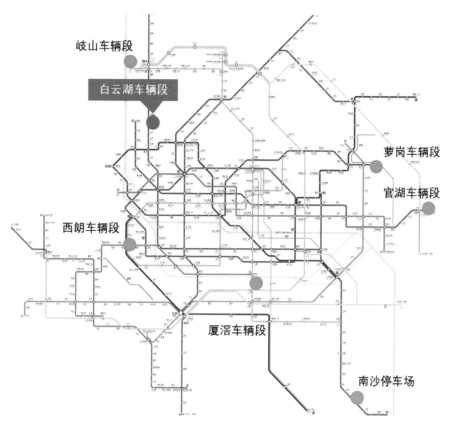

图 2-39　广州白云湖车辆段区位示意

图 2-40　广州白云湖车辆段项目物业分布概况

表 2-10　白云湖车辆段基本信息一览

名称	地区	区位	车辆段占地面积/万 m²	车辆段总建筑面积/万 m²	开发模式	商业模式	商业占比/%
白云湖车辆段	广州	市区	22.00	67.00	复合功能开发型	集中商业	29.2

规划住宅建筑主要利用停车库上盖空间,该地块内住宅规划全部为高层建筑,呈点式布局,规整散布于地块内。此外,在咽喉区北部空地也规划了部分多层住宅,与商场和学校相邻。车辆段整体住宅规划户型面积为70~140平方米,由商品住宅和高品质租赁住房构成,住宅区建成后可容纳总户数近5000户。目前,地块周边缺少大型小区盘,多以楼龄较长的二手楼散盘为主,白云湖车辆段上盖住宅区填补了这方面空白,在土地资源稀缺的广州无疑能够取得高回报。开发建设的商业空间紧邻地铁站点,形成大型集中式的商业综合体,服务周边居民,提升整体地块价值。规划还紧邻住宅区配建9年一贯制学校,弥补区域周边缺乏教育设施配套的不足,同时完善城市功能,提升了地块竞争力。

2.3.5　深圳塘朗车辆段

塘朗车辆段项目位于深圳市南山区,隶属于地铁5号线,临近塘朗站(见图2-41)。

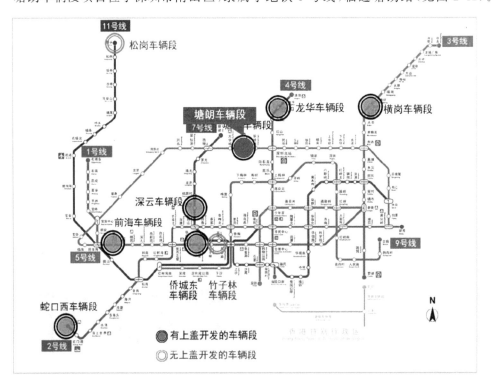

图 2-41　深圳塘朗车辆段区位示意

塘朗车辆段南邻塘朗山,用地相对完整独立,周边环境以山体和林地为主。毗邻深圳大学和南方科技大学,与大学城用地联系紧密。车辆段占地 17.1 万平方米,在其东侧与西侧共有两处空地占地 4.4 万平方米,总占地面积为 21.5 万平方米。

为加强土地资源集约利用,深圳市政府和规划部门批准了塘朗车辆段上盖开发项目,由深圳市朗通房地产开发有限公司和深圳市地铁集团有限公司共同负责,于 2012 年取得用地建设规划许可证后开始投入建设,2020 年底交房。车辆段总建筑面积为 66.00 万平方米,其中住宅建筑面积为 34 万平方米,商业建筑面积为 31 万平方米,配套教育建筑面积为 0.8 万平方米,商业面积占比为 50.0%(见图 2-42、表 2-11)。

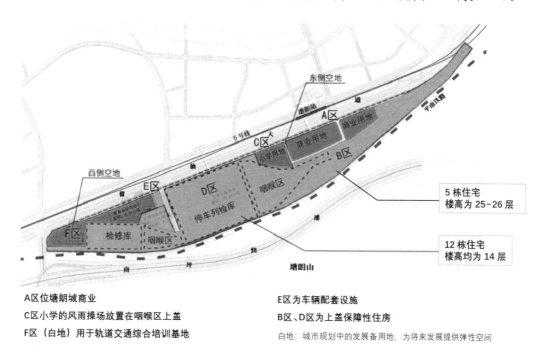

图 2-42 深圳塘朗车辆段项目物业分布概况

车辆段开发的重点是建设保障性住房,规划在车辆段列检库区和东南边缘白地区上盖 5 栋 25 层住宅和 12 栋 14 层住宅。列检库区上盖住宅呈行列式排布,布局紧凑,充分利用列检库规整的上盖地块。上盖小高层住宅毗邻咽喉区,沿车辆段边缘长条形边线延伸,呈点状条形散布。由于毗邻大学城,住房需求较高,塘朗车辆段上盖住房一旦建成投入市场,将成为竞争最激烈的公租房之一。咽喉区为车辆段出入场线路密集区,上盖开发的工程技术要求较大,不宜在其上盖设置复杂功能。因此在规划布局中,配合咽喉区北部白地区的小学用地,在较大型的咽喉区上方设置了学校配套的风雨操场,另一处小型咽喉区上盖则布置了幼儿园,既避免了与车辆段的相互干扰,又完善了小区设施配套。此外,针对大学城现状配套服务设施不足的问题,在临近塘朗地铁站处建设塘朗城商业中心,采取集中性商业形态,紧凑集中的商业设施聚合形成的商业流大大提升了地块活力。

表 2-11　塘朗车辆段基本信息一览

名称	地区	区位	车辆段占地面积/万 m²	车辆段总建筑面积/万 m²	开发模式	商业模式	商业占比/%
塘朗车辆段	深圳	市区	21.50	66.00	复合功能开发型	开放商业	50.0

2.3.6　香港九龙湾车辆段

　　九龙湾车辆段项目位于香港九龙半岛观塘区,隶属于地铁观塘线,邻近九龙湾站(见图 2-43)。九龙是除了香港岛以外市区的主要组成部分,人口高度密集,城市土地寸土寸金,亟须实现土地高度集约利用。在这样的城市发展背景下,九龙湾车辆段进入政府视线,成为城市规划重点开发对象。车辆段总占地达 16.5 万平方米,用地与观塘线列车行车轨道平行,呈南北向延伸。地块四面临路,东侧为淘大花园、得宝花园等居住区,北侧为九龙湾游乐场和运动场,西侧为九龙湾工业中心,可塑性较强,具备极大的商业开发潜力。

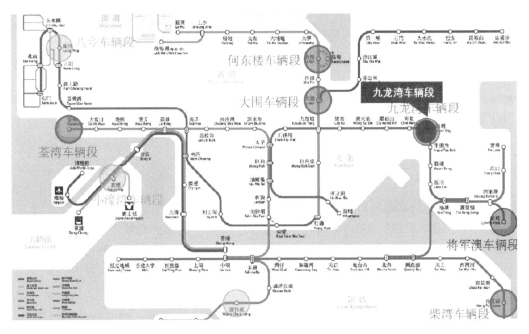

图 2-43　香港九龙湾车辆段区位示意

　　九龙湾车辆段是香港地铁系统首个兴建的车辆段,由前地铁公司(今港铁公司)和新世界集团于 1980 年开发建设,如今主要由港铁公司管理。此车辆段占地面积为 16.50 万平方米,总建筑面积为 35.00 万平方米,其中商业建筑面积为 9.3 万平方米,占

26.5%,分两期进行建设开发(见图 2-44、见表 2-12)。一期于 1980 年建设完成,主要依托地铁站点进行开发,开发功能以居住和商业为主,在车辆段上盖平台设置商业街、小型广场和公园,建设内容为车辆段上盖德福花园住宅区与德福广场一期商业。二期于 1997 年建设完成,将上盖平台开发与落地开发相结合,完成上盖德福商业广场二期建设,落地开发项目建成以港铁总部大楼为主体的商业办公综合体。后续开发以配套设施补充为主,注重公共空间以及商业氛围的营造,逐渐增加娱乐、文化、景观等配套功能,最终形成更具开放性与共享性的多功能城市综合体,创造了良好的经济效益与活力空间效应。

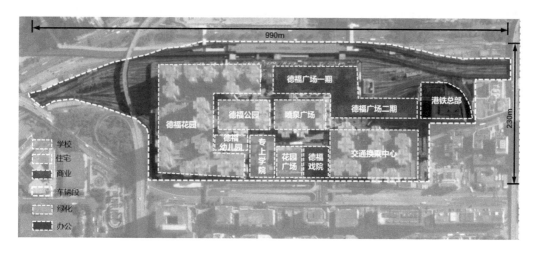

图 2-44 香港九龙湾车辆段项目物业分布概况

表 2-12 香港九龙湾车辆段基本信息一览

名称	地区	区位	车辆段占地面积/万 m²	车辆段总建筑面积/万 m²	开发模式	商业模式	商业占比/%
九龙湾车辆段	香港	市区	16.50	35.00	复合功能开发型	集中商业	26.5

2.4 案例总结

随着国内经济的快速发展,土地资源成为城市发展进程中最宝贵的资源,如何改进地铁车辆段原有的单一建设模式,推进轨道交通车辆段上盖商业开发,"地铁车辆段＋物业"的新型模式越来越成为城市建设的焦点。当前,我国北京、上海、深圳、杭州等地陆续进行了地铁车辆段上盖 TOD 商业一体化开发实践,已经取得了良好的经济效益和社会反响,上文对成功案例进行了分析,对车辆段信息进行了汇总(见表 2-13)并进行了经验总结。

表 2-13 车辆段信息汇总

地区	车辆段	区位		车辆段模式		地理位置		商业模式			时间
		地上	地下	单线	多线	市区	郊区	开放商业	集中商业	商业占比/%	
北京	平西府车辆段	▼		√			○	⬚		6.8	2020年住区交房
	北安河车辆段	▼		√		●			▬	31.0	2016年车辆段投入使用
上海	金桥停车场	▼			√		○		▬	19.4	2015年1月上盖设计中标
	徐泾车辆界面	▼		√					▬	22.6	2015年初上盖开工
广州	萝岗车辆段	▼		√					▬	2.0	
	白云湖车辆段	▼		√					▬	29.2	2019年11月上盖开工
深圳	塘朗车辆段	▼		√				⬚		50.0	2020年底住区交房
	龙华车辆段						○		▬	4.8	
	蛇口西车辆段	▼						⬚		1.6	
香港	将军澳车辆段	▼		√			○		▬	22.4	2009—2019年
	九龙湾车辆段	▼							▬	26.5	1980—1997年

（1）明确主要的功能定位是前提

地铁车辆段 TOD 上盖商业开发涉及居住、商业、办公、文化、教育等多种城市功能，不同的城市功能面向的服务对象和具备的特征内涵不同。车辆段地块上盖开发的功能定位是确定功能组成和组织空间布局的重要基础，会对后期商业规模、商业业态、产品类型等产生影响。通过对规划政策、城市区位、周边环境、自身结构等各要素进行前期分析，确定地块相应的主导功能和次要功能是地铁车辆段上盖开发的前提。

对于居住功能主导型的车辆段开发，TOD 上盖是缓解主城区拥挤、为城市边缘片区吸引人流的有效途径之一。此种类型开发中的商业作为生活配套，主要服务于住区内部居民。一般来说，配套的商业建筑面积不大，但类型多元，能满足基本的生活需求。

对于商业功能主导型的车辆段开发，往往由多家开发公司联合开发，需要长期、动态的投入。此种类型的商业往往体量较大、定位较高，继而成为辐射城市某一区域的新的商业中心。

对于复合功能开发型的车辆段开发,对应的功能主要是满足不同人群办公、居住、购物、教育和休闲娱乐的需求,商业开发往往包括职、住、商、学、乐等多种复合业态,以完善地块城市功能,满足目标市场的多种需求。

(2)选择合理的开发模式是基础

经过案例总结可知,我国的地铁车辆段多为地上单线型,但车辆段上盖建设具体的开发模式按照土地利用方式的不同可分为地下模式、地面模式和高架模式三类,根据自身条件选择合理的开发模式是进行车辆段上盖 TOD 商业开发的基础,具体选择时,应结合用地条件、周边环境统一考虑。

对于居住功能主导型的车辆段开发,根据场地和车辆段的实际情况,一般采用地面模式和高架模式。这两种开发模式有利于实现居住功能所必备的采光、通风和管线等要求。同时,此类型的车辆段开发中也会置入小区游园等类型的绿地、设计合理的交通路线,以弥补车辆段与城市的割裂感。

对于商业功能主导型的车辆段开发,大多数选择地下、地面和空中结合的开发模式。由于商业对于价格成本的敏感性和吸引客流的需求,出地铁站到购物点之间的空间距离往往越小越好,地下空间也具有独特的价值。此类型的车辆段开发,通过流线的垂直方向和水平方向设计,为顾客提供不同的购物体验。

对于复合功能开发型的车辆段开发,一般采取地面模式和高架模式相结合的开发模式。地面开发部分一般直接利用车辆段上盖空间打造平台,与周边市政道路联系紧密,使得人流可直接通过地铁站点平层方便快捷地直接进入上盖物业。高架部分一般通过架高标高层,将地面空间予以保留,既克服了地面模式对区域原有环境的影响,也避免了地下模式的缺陷。通过构建复合开发模式,实现在有限空间内合理安排各项功能,使得各功能联系密切且互不干扰。

(3)实现功能的多元互补是关键

由于车辆段所处区域以及自身功能结构等影响,各功能在上盖开发中所占比例不尽相同。靠近城市中心的市区车辆段综合开发功能复合多样,通常包含居住、商业、办公、文化休闲等多种城市功能;靠近郊区的车辆段上盖开发功能则以住宅开发为主,辅以相应商业、教育等配套设施,整体功能较为单一。

通过案例研究发现,对于居住功能主导型的车辆段开发,住宅建筑面积占比约为90%,商业建筑面积占比低于10%,配套建筑面积占比低于5%。此类型的车辆段商业开发为居住功能提供了基础的生活配套。

对于商业功能主导型的车辆段开发,住宅建筑面积占比约为75%,商业建筑面积占比约为20%,配套建筑面积占比低于5%。由此可见,此类型的车辆段商业开发需要住宅开发为商业带来稳定的客流和长期投入的资金流。

对于复合功能开发型的车辆段开发,上盖综合开发空间内功能多样,互为补充。住宅建筑和商业建筑面积往往占比相当,辅以教育、娱乐、运动等设施配套,整体打造功能结构完整全面的多功能城市综合体。

综合来看,构建单一功能可以通过其专有特性对使用者产生吸引力,而在满足地块的基本功能的基础上,推动实现区域功能的多元复合,有利于满足各类消费需求。通过丰富多元的物质形态使人们在出行过程中达到更多的出行目标,增强对人流、资金流、信息流的吸引力。总结混合功能中各项功能的相互作用(见表2-14),实现各功能互补共享,可以提升各功能的使用率,聚合形成的商业流大大提升地块活力,实现最大程度的资源共享,从而缩短上盖开发对市场的培育时间。

表2-14 车辆段综合开发各功能之间的相互作用评价

功能		与其他功能间的相互作用	相互作用程度评分
居住	商业	提供稳定消费人群	5
	办公	满足上班人群的居住需求	3
	文化娱乐	为文化娱乐设施带来消费群体	4
	其他配套	提供消费人群,带动地块活力	4
商业	居住	为居民提供便利生活配套	5
	办公	满足办公人群基本生活需求	5
	文化娱乐	为文娱场所带来大量人流	5
	其他配套	与商业设施互为补充,完善地块功能	4
办公	居住	提供就业选择,带来大量常住人群	3
	商业	为零售商业提供稳定市场	4
	文化娱乐	在休息时段带来大量消费群体	2
	其他配套	提供潜在消费人群	2
文化娱乐	居住	满足居民文化娱乐需求	4
	商业	为入驻商业提供多元选择和消费人群	3
	办公	在休息时段为办公人群提供休息场所	3
	其他配套	与文娱场所互为补充,提升地块价值	3
其他配套	居住	为居民提供教育设施配套	5
	商业	为购物者提供宜人的购物环境	4
	办公	优化工作环境,满足上班族的多元需求	2
	文化娱乐	提供活动空间和相关配套	2

评分说明:分值越高,两功能间相互作用的影响程度越大

(4)构建合理的交通组织是保障

车辆段上盖开展商业开发建设活动后,需要与周边区域开展有效的互动,合理的交

通组织和站点衔接形式是基础保障。对车辆段上盖区域的交通组织进行合理规划,实现地块内人行、车行系统的合理流线组织,落实与地铁站点的高效衔接,有利于人流引入、功能有效实现以及城市功能进一步完善。

对于居住功能主导型的车辆段开发,交通流线的组织最主要为实现人车分流以及居民安全平稳地进入小区内部空间的路线设计。城市主干道的地铁车辆段平台区,将项目与城市完全割裂。因此,往往需要围绕基地外圈设置车行坡道,从城市主干道连接至平台上方,经由长坡爬升,从城市进入住区。

对于商业功能主导型的车辆段开发,往往通过覆盖高架平台、立体中庭、通廊式中庭空间形式组织交通。高架平台由台阶、楼梯、自动扶梯等垂直连接方式与外部街道交通及空间联系,同时结合直接衔接城市立体交通体系,为平台空间引入大量人流。平台层周边通过空中连廊与城市周边建筑衔接,构成统一城市空间。立体化的中庭成为协调组织多样化交通方式的空间,打破层与层之间的空间制约,将轨道交通与综合体内部交通有机组合到一起,实现外界城市空间与建筑内部空间的流畅转换。通廊式中庭伴随步行街在商业综合体的中部呈脊骨状线形展开,具有较强的空间方向导向性。

对于复合功能开发型的车辆段开发,由于空间内功能构成复杂,服务人群多样,车辆段上盖开发的商业组织只有实现高效、便捷的运转,才能实现最初功能多元化设计的初衷,车辆段内交通组织通常具有立体性和连通性特征。立体性方面,车辆段上盖功能混杂,原有的二维平面化的交通流线组织方式难以满足多功能的交通需求,一般通过构建立体化组织疏散人流、车流,以减少相互之间的干扰,提高空间的利用率;连通性方面,上盖区域内部的各功能区之间以及与城市道路的联系都需要具备良好的连接性,若车辆段开发地块规模较大,超出了舒适合理的行人步行范围,一般通过在车辆段出入口附近设置接驳小巴,实现使用者高效出行。

3 地铁车辆段TOD上盖商业开发的原则与要素

3.1 地铁车辆段的交通人流特征

3.1.1 换乘需求各异

地铁换乘方式主要分为地铁间的同站换乘和地铁与其他交通方式(如出租车、小汽车、公交车、高铁、飞机)的换乘(见图 3-1)。不同的换乘方式对应了不同的出行行为需求。

①对于地铁间的同站换乘,乘客对时间的敏感性较强,因此步行友好的地铁站站内接驳就显得尤为重要。

②对于地铁与其他交通方式的换乘,乘客预留了换乘时间,对时间的敏感性不如地铁间同站换乘。但此类换乘方式需注意不同交通工具之间的信息提示和方向指向,便利乘客迅速找到对应交通方式的通道与入口。

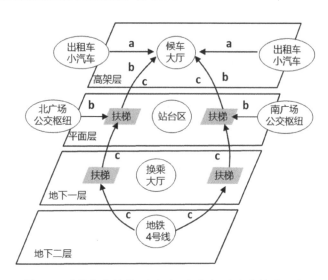

图 3-1　地铁与高铁站、出租车、小汽车、公交车换乘示意

3.1.2 客流特性多样

由于地铁车辆段区位和周边用地功能的多样性,地铁商业尤其要注意地铁站点与周边地块功能的特色结合。不同区位的地铁站点带来的客流特性如下。

①住宅区地铁站:住宅区地铁站商业体的客流往往早出晚归,此类型的地铁站呈现夜归型特征。晚市适合此类地铁站,商业业态建议以餐饮、生活配套为主。

②商业区地铁站:商业区地铁站的客流以上班通勤为主,主要消费人群为上班族,商业业态多为午市餐饮和服饰消费。

③枢纽区地铁站：枢纽区地铁站的客流大多是流转型，强调便利快捷消费，商业业态以快速消费品为首选。

④旅游区地铁站：旅游区地铁站的客流工作日较少而节假日、休息日较多，呈现出潮汐波动的特征。此类型的地铁站商业业态以补给型和礼品型为主。

3.2 地铁车辆段的商业布局原则

3.2.1 多元复合

利用地铁车辆段上盖空间进行商业开发的一大优势是轨道交通带来的巨大人流量，将 TOD 的理念模式与地铁车辆段上盖开发相融合，可以通过车辆段周边土地与空间的最高效利用，最大化地发挥公共交通优势。轨道交通带来的客流需求是丰富多元的，消费群体的多元化决定了供应市场的复合性。TOD 发展模式的内涵是依托公共交通尤其是轨道交通，对交通场站周边用地进行高密度、高强度的开发，实现新的交通与土地利用耦合模式。对于 TOD 模式下地铁车辆段的商业活动来说，为满足各类客流的消费需求，商业布局的首要原则是实现功能的多元复合，通过兼顾多种功能的平衡，实现各功能的相互补充、相互吸引。利用车辆段上盖空间打造"一站式"的服务布局，更符合现代人的生活习惯需求，可以有效提升城市价值，从而实现生产生活生态高度和谐统一。

地铁车辆段 TOD 商业开发的复合业态主要包括职、住、商、学、乐，对应的功能主要是满足不同人群办公、居住、购物、教育和休闲娱乐的需求。位于日本"睡城"——世田谷区的日本二子玉川 TOD 上盖综合体，就是多元复合开发的典范。它以地铁交通枢纽为核心无缝衔接二子玉川地铁站，打造成为东京近郊多功能一体化的大型城市综合体，是田园都市复合型城市商业综合体的代表案例（见图 3-2、图 3-3）。

图 3-2　二子玉川车辆段综合体现状

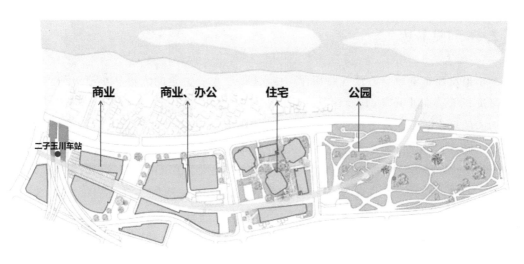

图 3-3　二子玉川车辆功能分区

二子玉川片区的项目地点位于东京西南边缘的多摩河沿岸,项目的一期工程于 2011 年 3 月启动,工程包括两个百货商店、一个零售画廊、一间写字楼、三栋高层住宅楼（28~40 层的高楼）以及两栋低层住宅楼（总共可提供 1000 套住房）。最后一期工程于 2018 年完成建设,工程总面积为 14 万平方米,包括零售商店、电影院、电视演播室和休闲娱乐场所等,周围还有一幢 30 层高的大厦和一个三层楼的酒店。整体依托二子玉川地铁站,打造成为集居住、零售、娱乐、城市公园为一体的 40 万平方米大型多功能综合体。盖上商业开发的丰富多元,实现了公共空间和文化场景相互交融,形成配套丰富的都市居住新生态,成为市民出游的绝佳去处（见图 3-4）。

图 3-4　二子玉川车辆段多元化功能示意

3.2.2 可见易达

轨道交通车辆段与地铁线路相伴而生,往往汇集着大量的人流和车流,依托地铁车辆段进行上盖商业开发,其设计原则的重点是如何利用车辆段带来的市场资源,提高商业功能的运作效率。对于商业建筑设计来说,创造良好的经济、社会和环境效益是进行商业空间开发建设的根本出发点。因此,外部商业空间的"易达性"和内部商业空间的"引导性"作为商业建筑最本质的特征,可见易达成为车辆段上盖商业开发建设的重要原则。

商业空间的可见性主要体现在建筑的外部立面,易达性则主要由内部动线的引导性实现。厦门五缘湾停车场上盖项目是车辆段上盖商业开发案例中,成功实现可见易达性原则的典范。项目位于厦门岛北部枋湖片区,隶属于厦门轨道交通3号线,基地依托湖里区政府和枋湖汽车客车站的入驻,该片区未来将建设成厦门北部的城市核心综合区。项目总用地面积为7.4万平方米,地上2~18层,地下1~3层,总建筑面积约为18万平方米。规划以"绿谷"为理念与五缘湾相呼应,并作为主线串联起商业、酒店办公、城市公交等一系列功能。建筑立面采取层层叠退的设计(见图3-5),整体界面设计凹凸有致,多次凹凸中构建了更多的商业展示面开口。建筑空间中的绿化设计由地面向高处蔓延,形成地景效果,增加了商业的可见性,争取到更多的高租金商铺面积(见图3-6)。盖上商业空间入口采取生态坡地处理,建筑内部动线设计简洁方便,避免了单向的折返和产生死角,整体增加了商业空间的易达性。

图3-5 厦门五缘湾停车场上盖综合体立面

图 3-6　厦门五缘湾停车场上盖综合体绿化示意

3.2.3　归家便捷

将 TOD 模式融入地铁车辆段上盖商业开发,目的是以轨道交通为基础,打造出一个具有多样性和内聚力的城市区块。形成的高密度的、功能多元混合的、崭新的都市片区,可以加大区域人员流动性,增强人流、资金流、商业流的集聚效应,从而提高城市活力。在处理复杂汇聚的交通流线时,需要充分考虑盖上居民的活动情况,遵循需求导向的归家便捷原则。

因此,在利用轨道交通车辆段上盖空间进行商业开发时,需要结合项目区位和现状情况进行综合评估,突破复杂的基地限制,充分调动地铁轨道和城市干道等交通人流,构建合理、开放的交通网络。在交通流线上提升景观品质并设置相应配套,建立车辆段出入口到住家门口的流畅动线,优化盖上居民的归家体验感。在厦门五缘湾车辆段上盖项目中,通过多层平台上的绿色退台处理(见图 3-7),增强了社区和城市界面的联系,活化商业文化氛围的同时提升了盖上居民活动的易达性、近地性,有效满足了上盖空间的归家便捷需求(见图 3-8)。

图 3-7　厦门五缘湾停车场上盖综合体绿色退台示意

图 3-8　厦门五缘湾停车场上盖住宅入口示意

3.2.4　激发活力

伴随着城市轨道交通的发展,对 TOD 理念的关注度越来越高,很重要的原因是它带来了一种新的人流导入方式。随着城市化进程的加快,轨道交通系统的作用对城市发展愈加重要,公共交通带来的人流对商业有着直接影响和有力支撑。商业开发的核心是为人服务,设计理念应紧扣人流客流,依托车辆段上盖空间进行商业的综合开发,有利于充分发挥轨道交通具备的人流优势,进一步激发城市活力。因此,对于车辆段上盖空间的商业开发来说,应遵循激发活力的原则,打造富于变化且独特个性的空间来吸引人流,与多元复合原则相辅相成,打造集休闲、生活、娱乐于一体的新城市核心。

还以日本二子玉川站上盖综合体为例,商业建筑布置于轨道交通出入口附近,建筑形态以"购物中心＋街区"的形式呈现,各建筑之间设置大型平台与连廊进行过渡,形成丰富的生产生活空间(见图 3-9)。区域周边有带状的公路从建筑周围穿过,在道路沿线的特殊位置布置了一些建筑,这些建筑大胆地采用亮丽的颜色,给人以体量轻盈、个性鲜明的感觉。地块内的低层建筑则在设计上考虑了自然岩石层的结构,给人以自然生态、返璞归真的感觉。整体的商业空间设计个性多元、富于变化,整体城市环境的活力在这样的氛围下得到进一步的激发和提升(见图 3-10)。

图 3-9　二子玉川上盖商业空间鸟瞰

图 3-10　二子玉川片区的公共空间和文化场景

3.2.5　空间一体

　　进行轨道交通车辆段上盖商业一体化开发,需要在满足车辆段基本功能的要求下,通过对上盖空间物业的统筹规划、整体建设,将多元化的城市功能集中在一个空间系统,以达到功能互补,实现城市土地的集约利用,从而实现资本的良好循环。因此,地铁车辆段上盖商业开发需要遵循空间一体的原则,树立集体观、系统观,将交通场站和商业空间作为一个有机体来考虑。在设计过程中也要运用整体设计的手法来组织各类空间要素,进行盖上空间与周边城市环境的一体化设计,使两者共同形成的新型城市区块能够合理地运作,避免车辆段上盖商业空间与周边环境的脱离与割裂,从而达到有机整合的目的,为城市提供便捷、宜人的环境。

　　上海徐泾车辆段上盖空间的开发建设体现了空间一体的设计理念,在开发过程中遵循系统性、整体性、功能性、艺术性设计原则,利用水平交通和竖直交通混合穿插将居住、商业、轨道交通功能有机结合,在基地内实现了一体化高效便捷的生活方式。其中最有代表性的是地块内的天空之城综合体,为了避免超出 800 米这个"舒适距离"的极限,设置了多条对角直线"空中步道",从住宅组团到购物中心的地铁站台通过连廊相连,以此达到最短直线距离(见图 3-11、图 3-12)。

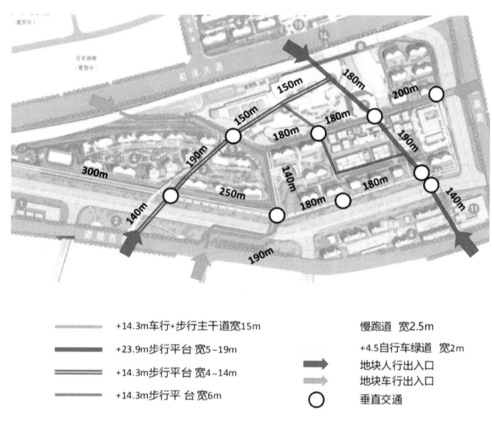

——— +14.3m车行+步行主干道宽15m	慢跑道 宽2.5m
━━ +23.9m步行平台 宽5~19m	+4.5自行车绿道 宽2m
═══ +14.3m步行平台 宽4~14m	➡ 地块人行出入口
── +14.3m步行平 台宽6m	➡ 地块车行出入口
	◯ 垂直交通

图 3-11　上海徐泾车辆段上盖空间交通一体化流线示意

图 3-12　上海徐泾车辆段复合功能一体化场景

3.3 市场开发要素:项目溢价与分期建设

3.3.1 成本控制与溢价模式

3.3.1.1 成本控制

成本控制首先要把握市场规律。TOD 车辆段项目拿地价格相比项目周边土地市场拿地价格低,可降低投资成本。万科天空之城为上海徐泾车辆段土盖项目,2015 年楼面价 8000 元/平方米,与周边竞品楼盘的仁恒西郊花园 2010 年楼面价相比每平方米低 7498 元。类似的,杨柳郡为杭州七堡车辆段上盖项目,2014 年楼面价 8223.56 元/平方米,相比周边竞品楼盘越秀招商云悦湾 2016 年楼面价每平方米低 17419.94 元。由于开发与规划的不同步,上盖物业开发滞后轨道线路规划。因此,上盖物业开发的人力物力需投入更长的时间线。对于这一 TOD 车辆段开发过程中普遍存在的问题,部分城市已经开始进行多"规"合一的政策调整。比如上海已经实现两"规"合一,即土地控制性规划与交通专项规划合二为一的政策变化。2018 年 11 月 8 日,财政部、国土部等五部委发布《关于进一步加强土地出让收支管理的通知》指出,特殊项目可以允许土地款分期缴纳,缓解土地出让资金压力。因此,在政策存在突破空间的情况下,开发公司可与相关政府部门充分沟通,缩短资金投入的周期,降低投资成本。

3.3.1.2 溢价模式

溢价方式有基于 TOD 上盖开发原理的主题溢价和基于项目具体方案的规划溢价。主题溢价是指将 TOD 的主题植入项目,利用 TOD——"以公共交通为导向的发展模式",以轨道交通站点为中心、以 400~800 米(5~10 分钟步行路程)为半径建立城市新的副中心,其特点在于集工作、商业、文化、教育、居住等为一身的"混合用途",形成闭合 TOD 智慧生态圈。在 TOD 智慧生态圈中,居住区应鼓励住宅的多样化,且满足教育需求;办公区与商业相结合,相辅相成;公共交通直达;商业区在满足基本的生活消费外,应包括公园和广场等公共配套设施(见图 3-13)。

规划溢价是指以规划设计为手段,通过上盖的合理规划和功能复合提升项目的整体价值。以香港车辆段上盖开发为例,其上盖开发经历了三个阶段:从简单上盖单一功能物业逐渐向多功能综合物业开发模式过渡,最终演变成轨道公交导向型的高密度城市综合体(见表 3-1)。目前,国内上盖开发目前基本为第二代类型,正向第三代发展。

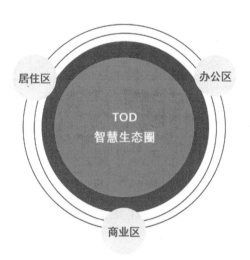

图 3-13 TOD 智慧生态圈示意

表 3-1 香港车辆段上盖开发阶段划分

类型	名称	建设时间	主要物业类型	空间特点
第一代	何东楼车辆段	1986 年(一期)、1996 年(二期)、2008 年(三期)	住宅	空间较为单纯,上盖部分为传统居住空间和配套商业
	大围车辆段	2011 年	住宅	空间较为单纯,上盖为社区和学校
第二代	九龙湾车辆段	1980 年(一期)、1997 年(二期)	住宅、商业、公共运输交汇处、教育	空间较为丰富,将上盖商场结合地铁站设置,设有喷泉广场
	荃湾车辆段	1984 年	住宅、商业	空间较为丰富,上盖物业与地铁站和商业直接相连
第三代	将军澳车辆段	2009—2019 年	综合:住宅、商业、办公及公共运输交汇处	上盖物业以风雨连廊的形式相连,并建有日出公园和大量绿化生活空间

3.3.2 市场需求与开发时序

3.3.2.1 市场需求

市场需求由交通需求、生活购物需求和生活配套需求三大方面构成。

对于交通需求来说,在大城市的各种交通方式中,地铁和轻轨成为人群出行的首选交通方式。因此,交通便利是依托车辆段进行商业开发所具备的天然优势。由前文案例分析可知,金桥车辆段临近12号线金海路和7号线桂桥路站;徐泾车辆段临近17号线的徐盈路站,周边有三处公交站点交通极为便利;杨柳郡车辆段隶属于杭州地铁1号线和7号线。这三个车辆段便利的交通,满足人们的出行需求,也因此获得了开发的成功。

对于生活购物和生活配套需求来说,结合轨交站点设置商业成为吸引客流、拉动消费、提升地块价值的不二选择。现代人买房的主要关注点是地段的交通便捷和环境的生活配套齐全。从消费者需求角度来看,先开发地块的商业以及生活服务部分,更能刺激消费者的购买欲。通过调查发现,超过80%的地铁人群认为地铁对于沿线商业购物作用推动明显,而72%的地铁人群认为地铁站对于沿线的楼盘开发有直接影响。根据前文的案例分析,金桥车辆段临近金海路地铁站设置了集中商业,临近桂桥路站设置了沿街分散商业;徐泾车辆段将商业综合体结合徐盈路站点建设;杨柳郡车辆段临近地铁站设置了沿街商业。这三个车辆段均利用交通优势,开发商业,吸引客流,拉动消费,以满足人们的生活购物需求。

3.3.2.2 开发时序

一般来说,受到物业开发难度、分期开发货值和分期产品的相互影响,场段建设会分期开发。例如,金桥车辆段分两期开发,一期是近期开发,二期是落地区为远期开发,由于14号线的车辆段还未开发,所以将二期归为远期开发内容。徐泾车辆段分四期开发,开发周期长达五年。一期为落地住宅,开发时间为2017年2月至2018年6月;二期为落地住宅,开发时间为2017年1月至2019年12月;三期也为落地住宅,开发时间至2019年10月;四期为上盖住宅,暂时未开发,上盖商业最后开发,计划于2020年开业。徐泾车辆段先开发地块价值低的住宅落地区,后开发地块价值高的上盖物业区,有一定的优势:由于上盖物业难度大,先开发落地区,能较快回笼资金先聚集地块的人气,炒熟地块,然后开发上盖物业,此时推出可实现项目利润最大化;反之则会出现前期开发难度大,地块人气低,项目周期长,回笼资金慢,不能实现上盖物业的利润最大化,而后期开发的住宅,可能因为地块价值较低,而去化慢,销售难。

开发时序与营销关系密切,从营销的角度考虑,主要受到货值、资金、销售和产品四方面的影响。货值角度要求先保本价后利润最大化;资金角度要求低投入快速回笼资金;销售角度要求分期产品竞争;产品角度要求保持产品类型去化速度。根据通过徐泾车辆段(见图3-14)和杨柳郡(见图3-15)分期开发顺序的对比,为了实现利润,先开发的为价值低的住宅区而后开发上盖物业为价值高的区域商业区。总的来说,开发商在分期建设的时候,为实现利润最大化,会先开发资源禀赋一般但去化快的住宅楼盘地块,以先回笼资金保本价,后聚集人气,炒熟地块,将资源好的地块最后开发成商业板块。

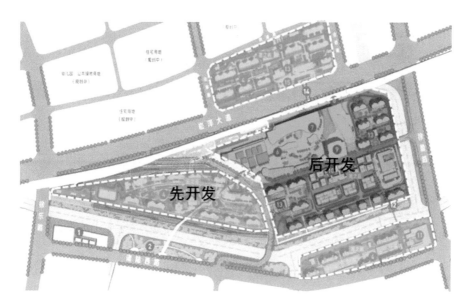

图 3-14　徐泾车辆段分期开发示意

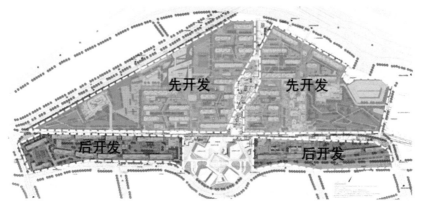

图 3-15　杨柳郡车辆段分期开发示意

3.3.3　小　结

项目溢价需考虑成本控制和不同的溢价模式。而项目的分期建设也要考虑市场需求和开发时序的影响。从消费者的角度来看,先开发商业以及配套物业更能吸引消费者,刺激消费者的购买欲。从市场营销和开发商盈利的角度来看,先开发落地住宅后开发上盖物业能够实现项目利润最大化。虽然两者需要综合考虑,但是营销和盈利对分期建设时序影响占比更重。所以最优的开发时序为:先开发落地区为价值低的区域,后开发上盖物业为价值高的区域。从营销提升与开发时序关系的角度,通过金桥杨柳郡和徐泾车辆段分期开发顺序的对比,为了实现利润最大化开发顺序,先开发落地区为价值低的区域,后开发上盖物业为价值高的区域(见表3-2)。总之,住宅前期开发、商业后期开发的模式有利于项目的整盘盈利及资金的快速回笼。

表 3-2　金桥、徐泾和杨柳郡车辆段分期建设小结

车辆段	场段建设顺序	分期建设时序的影响因素	营销提升对分期建设时序的影响
金桥	一期为 7、12 号线场段 二期为 14 号线场段区域	—	—
徐泾	一、二、三期开发皆为落地区后期开发上盖物业	①物业开发难度 ②分期开发货值 ③分期产品的相互影响	①先开发落地区,能较快回笼资金 ②先聚集地块的人气,炒熟地块,然后开发上盖物业,此时推出实现项目利润最大化
杨柳郡	前期开发上盖物业后期开发落地区	①物业开发难度 ②分期开发货值 ③分期开发顺序的相互影响	①前期开发难度大,地块人气低,项目周期长,回笼资金慢 ②后期开发落地区,地块价值较低,去化慢、销售难,整体项目货值较低

3.4　规划设计要素:站点衔接与空间形态

3.4.1　站点建设

轨道交通车辆段上盖开发的项目所在地一般与轨道交通站点相邻,依托轨道交通站点为综合开发引入大量人流,需要进行站点与商业空间的有机衔接。在综合开发与轨道站点的衔接上通常采用站商独立、站商合建和立体融合三种形式。

3.4.1.1　站商独立

站商独立的地铁出入口也叫作独立修建的出入口,独立式出入口具有较为简单的布局,建筑处理极为灵活,在布局上往往遵循附近环境情况与客流方向,对车站出入口位置和方向进行确定。独立式出入口的布局方式灵活,施工要求相对简单,对于集中式商业和街区式商业空间均可适用,是轨道交通站点出入口采取的最为常见的形态。独立修建的地铁出入口主要有下沉广场出入口和地下通道出入口两种形式。

(1)下沉广场出入口

下沉广场式出入口是在车辆段的轨道交通站点附近设置一个下沉广场进行空间过渡,从下沉广场可以通过楼梯及扶梯上至地面空间。这种方式的出入口较为临近车

辆段综合开发的地面空间,使地下换乘空间能够充分接受自然光线,环境条件较好(见图 3-16)。

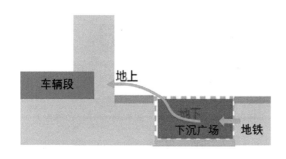

图 3-16 下沉广场出入口示意

(2)地下通道出入口

地下通道式出入口是在车辆段的轨道交通站厅层开通一条地下通道,连接车辆段综合开发的地下室空间或地下中庭,通常设置垂直楼梯或扶梯进入开发区域。这种方式的出入口节省了城市地面空间,土地的集约利用紧凑度较高(见图 3-17)。

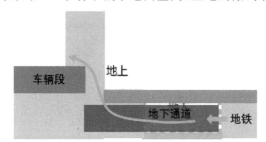

图 3-17 地下通道出入口示意

3.4.1.2 站商合建

站商合建的地铁出入口将轨道交通车辆段场站与商业空间结合设置,将地铁、高架轻轨等公共交通形成的换乘厅贴临上盖开发综合体建设,将换乘厅与综合开发的各功能单元之间直接联系起来,主要通过设置垂直交通楼梯、电梯等或横向的连廊衔接。站商合建的方式极大缩短了商业空间与轨道交通功能区域的步行距离,能够最大化营造轨道交通周边的商业氛围,加大人群流动。站商合建的衔接方式主要有竖向交通引导和空中连廊引导两种形式。

(1)竖向交通引导

上海金桥车辆段是竖向交通引导下站商合建形式的典型案例,该车辆段运用库上盖业态为停车库及住宅,咽喉区则为学校、幼儿园、菜市场等社区服务。车辆段北侧落地开发与上海地铁 9、12 号线的金海路站结合设计,南侧落地开发与地铁 14 号线的桂桥路站结合设计。车辆段的合建式开发形式主要通过竖向交通引导,大大缩短了行人的换乘距离,高效实现人流吸引,并疏散人流至各功能单元,有效提高了车辆基地综合体的整体使用效率(见图3-18)。

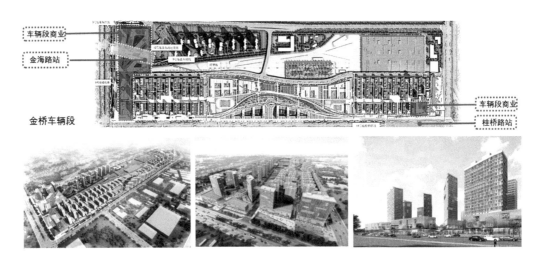

图3-18　上海金桥车辆段竖向交通引导的站商合建示意

　　(2)空中连廊引导

　　上海徐泾车辆段是空中连廊引导下站商合建形式的典型案例,徐泾车辆段利用上海地铁17号线的停车场,上盖建设形成了一个巨型的综合体。依托地铁17号线的徐盈路站打造商业和广场,其他的部分打造住宅生活区,该车辆段上盖空间内具备商业客流和生活气息并存的特征。在车辆段内的合建式开发形式通过空中连廊引导,大大缩短了行人的换乘距离,有利于高效实现人流吸引,并疏散人流至各功能单元(见图3-19)。

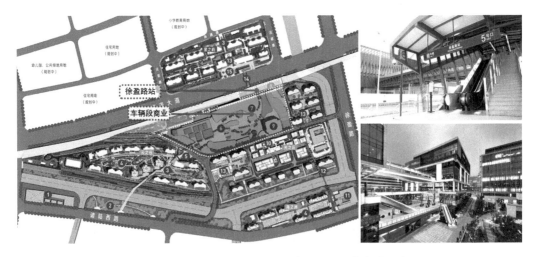

图3-19　上海徐泾车辆段空中连廊引导的站商合建示意

3.4.1.3 立体融合

立体融合式的地铁车辆段采取轨道交通场站与车辆段基地综合开发空间融为一体的形式,地铁站台位于综合开发的地下层,没有单独设置明确的出入口,经由楼梯、电梯的竖向引导直接衔接综合开发的垂直中庭。立体融合式的站点衔接方式有利于连贯快速的疏导轨道交通,将交通站点带来的大量人流迅速引至综合开发上盖空间的各功能单元,促使人流在综合开发的商业、娱乐、餐饮等功能单元中尽可能停留。

香港将军澳车辆段是立体融合的站商合建形式的典型案例,在将军澳车辆段上盖综合开发区,采用与轨道交通站点立体融入的衔接形式,将地铁站置于地下一层,使人流可以由竖向交通快速从站台层疏散至首层(见图 3-20)。人流也可以选择从地铁站的另一侧直接出站,直达室外空间或进入另一侧的中庭空间,并可由直达各层的扶梯流向车辆段上方的大型商场或屋顶平台花园。立体融入式的布局使得人流在各种功能之间流动时具有明确的方向感,流线简洁清晰,富有活力。

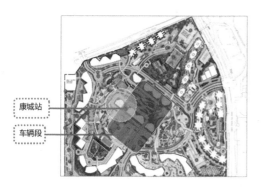

图 3-20 香港将军澳车辆段立体融合的站商合建示意

3.4.2 步行街形式

轨道交通车辆段商业开发项目的重点是通过合理规划上盖空间,充分利用轨道交通站点带来的人流优势,在避免各功能相互之间流线干扰的同时,将各功能有效衔接起来,从而构成统一城市空间。在车辆段上盖商业空间的各功能之间进行衔接的步行街形式主要分为高架平台、地下步行街、地面步行街三种。

3.4.2.1 高架平台

高架平台是通过在地铁车辆段上盖商业空间设置台阶、楼梯、自动扶梯等垂直连接设施,实现与外部街道在交通及空间上的联系,同时结合直接衔接城市立体交通体系,为平台空间引入大量人流。高架平台主要有覆盖式和过街式两种空间组织形式。

（1）覆盖式

覆盖式的高架平台体量很大，在整个车辆段及周边区域上方构建大型平台，将上盖空间内的步行活动及车行活动产生的各种流线按竖向分层设置（见图3-21）。竖向主要分为三层，包括空中层、地面层及地下层，高架平台上方通过设置多层次的平台绿化及林荫道，提升平台景观品质，创建多样化的公共空间，为人们多样化的活动提供宜人的场所。在平台周边一般通过空中连廊与城市周边建筑衔接，构成统一城市空间。香港将军澳车辆段是覆盖式高架平台设计的典范，在康城站车辆段上方构建覆盖数条街区的大型覆盖式平台，形成大型紧凑的多功能综合体（见图3-22）。

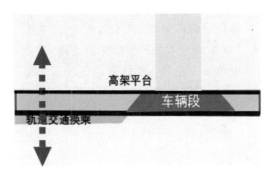

图 3-21　覆盖式高架平台示意

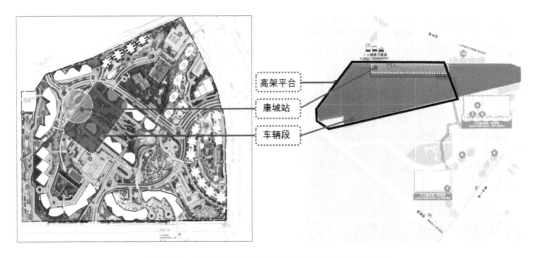

图 3-22　香港将军澳车辆段覆盖式高架平台示意

（2）过街式

过街式的高架平台对车辆段地块内各项交通采用立体分流的形式，将车流布置于地面下沉的隧道中，将人流引至建有绿化公园的高架广场（见图3-23）。采取过街式的高架平台形式，人们可以在高架广场休憩、游玩或直接步行至道路两侧建筑，能够有效地避免车辆的危险干扰，为中心城区的更新注入活力。上海徐泾车辆段是过街式高架平台设计的典范,在车辆段上盖开发建设中设置过街式平台连接地块周边建筑群,跨越了街区间道路的阻隔,有效形成一体化城市空间(见图 3-24)。

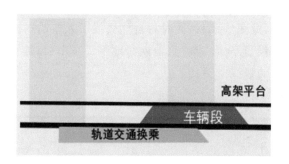

图 3-23　过街式高架平台示意

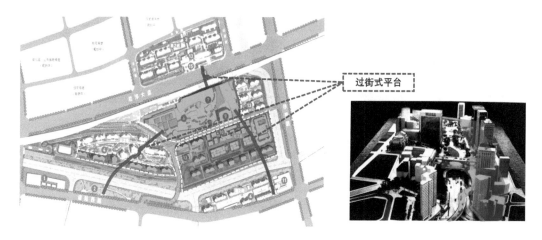

图 3-24　上海徐泾车辆段过街式高架平台示意

3.4.2.2　地下步行街

车辆段上盖开发空间与地铁场站之间可以通过地下步行街的形式进行衔接,地下步行街指从地铁站检票口至车辆段开发区域的地下空间,通常在步行街两侧结合商业设施一起设置,形成交通商业一体化的地下步行街的空间。地下步行街空间担负着组织整合各类空间的任务,其主要职能是负责衔接地下各功能使用空间。地下步行街的路径形状主要包含直线式、曲线式及折线式,一般结合中庭形成室内商业步行街中的开敞空间,从而更高效地引导消费者进入两侧商业空间。地下步行街的组织形式主要分为开敞式、半封闭式和封闭式三种。

(1)开敞式

开敞式的地下步行街的设计核心是将立体化的中庭打造成为协调组织多样化交通方式的空间,打破层与层之间的空间制约,将轨道交通与上盖空间内部的交通有机组合到一起,实现外界城市空间与建筑内部空间的流畅转换。地铁出站人流经由楼梯或扶梯进入中庭的垂直大厅,在贯通数层的开敞空间中,可继续选择楼梯、扶梯和电梯达到建筑中不同的功能区域,实现快轨交通与不同业态之间的转换过渡。以香港将军澳车辆段为例,在香港将军澳车辆段的盖上空间综合开发中,将地铁站点上方设置为立体中庭,打造开敞式步行街(见图3-25)。同时将自然光线引入室内,营造室内明亮而温暖的商业氛围,并在中庭内设置下沉广场,将地铁与地下广场衔接,连通地下、地面及建筑各层的空间,形成多层次的弧线空间。

图 3-25　香港将军澳车辆段开敞式步行街示意

(2)半封闭式

在车辆段上盖综合开发的主导功能为大型商业时,可以结合实际情况设置半封闭式的地下步行街,半封闭式的地下步行街的组织形式一般有条状通廊式和地下中庭式两种情况。条状通廊式中庭是伴随步行交通廊道产生的,结合内部商业步行通道设置,在商业综合体的中部呈脊骨状线形展开。以香港将军澳车辆段综合开发为例,在车辆段上方建设的三层商业中通过条形中庭为商业空间引入自然光线,成为交通汇聚和视觉焦点的空间节点(见图3-26)。

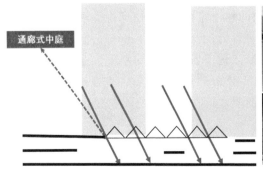

图 3-26　香港将军澳车辆段条状通廊式中庭示意

地下中庭空间一般由地下步道直接与商业综合体相衔接,具有较强的空间方向导向性。杭州七堡车辆段综合开发空间的中心广场就是地下中庭空间的典范,通过多层次的景观、小品点缀,营造出舒适的空间体验,优化了商业的购物环境,有利于汇聚大量人流停留驻足于周边商业(见图 3-27、图 3-28)。

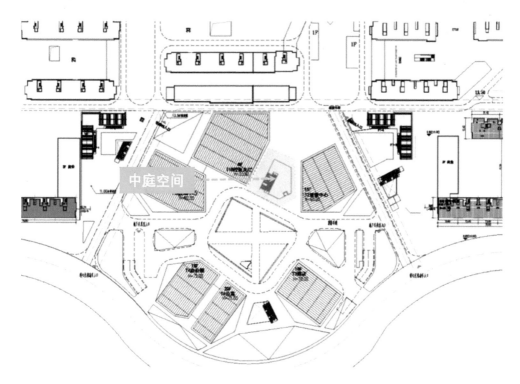

图 3-27　杭州七堡车辆段中心广场平面示意

图 3-28　杭州七堡车辆段地下中庭示意

(3)封闭式

封闭式的地下步行街设置在地铁站出入站口处,将人流通过封闭的地下步道,与车辆段综合开发的地下层商业空间连通,从而形成交通商业一体化的地下空间。在香港将军澳车辆段综合开发项目中,有部分地下步行街采取了全封闭式的设计,有效避免了人流与城市地面交通的相互干扰(见图3-29)。

图 3-29　香港将军澳车辆段封闭式地下步行街示意

3.4.2.3　地面步行街

在车辆段商业一体化开发建设中,伴随着周边落地商业开发,需要设置多样化的地面商业步行街。地面步行街一般以一条主街的形式嵌入商业区域,把周边形态各异的空间体块衔接起来,营造充满活力的商业氛围。地面步行街的设置可以借鉴综合体中商业步行街的立体化布局,上海金桥车辆段的步行街设计中,就实现了立体化布局,在0米、9米和14米层标高层上进行了不同商业业态布局,实现地面层向车辆基地平台层的竖向空间过渡(见图3-30)。

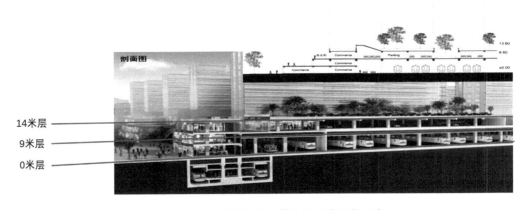

图 3-30　上海金桥车辆段立体化地面步行街示意

3.4.3 小 结

轨道交通车辆段上盖空间综合开发的规划设计要素主要有站点衔接与步行街形态两方面,上文对这两部分的要素特征进行了详细说明和案例分析,现分别进行总结,如表 3-3、表 3-4 所示。

表 3-3 地铁车辆段上盖综合开发站点衔接总结

	模式类型	典型案例	实体效果	特点
站商独立	下沉广场出入口 采用下沉广场进行空间过渡,使地下换乘空间能力充分接受自然光线。从下沉广场通过楼梯及扶梯上至地面空间,临近车辆基地综合开发近地面空间	杭州七堡车辆段		下沉庭院联系地铁和地下商业出入口中,并通过竖向交通连接商业的地面广场
	地下通道出入口 是在站厅层开通一条地下通道,连接综合开发的地下室空间或地下中庭由垂直楼、扶梯进入开发区域			
站商合建	地铁、高架轻轨等公共交通形成的换乘厅贴临车辆基地综合体建设,换乘厅与综合开发各功能单元之间通过垂直交通楼梯、电梯等或横向的连廊衔接	上海金桥车辆段		通过站内交通引导,大大缩短了行人的换乘距离,高效实现人流吸引,并疏散人流至各功能单元,提高了车辆基地综合体的整体使用效率
		上海徐泾车辆段		
立体融合	地铁站台位于综合开发的地下层,没有单独设置明确的出入口,经由竖向交通直接衔接综合开发的垂直中庭,连续快速地疏导轨道交通带来的大量人流至综合开发的各功能单元。	香港将军澳车辆段		立体融入式的布局使人流方向明确,流线简洁清晰

表 3-4　地铁车辆段上盖综合开发步行街形式总结

	模式类型	典型案例	效果图	特点
高架平台	**覆盖式** 平台层周边通过空中连廊与城市周边建筑衔接,构成统一的城市空间	香港将军澳车辆段		覆盖数条街区的统筹开发,形成和谐城市风貌与合理功能布局
	过街式 过街式的高架平台对交通采用立体分流的形式,将车流布置于地面下沉的隧道中,将人流引致建有绿化公园的高架广场	上海徐泾车辆段		既增强空间联系,同时又提供安全趣味的步行体验
地下步行街	**开敞式** 立体化的中庭成为协调组织多样化交通方式的空间,打破层与层之间的空间制约,将轨道交通与综合体内部交通有机组合到一起,实现外界城市空间与建筑内部空间的流畅转换	香港将军澳车辆段		在车辆基地综合开发上部开发功能为大型商业时,内部商业步行通道衔接下沉庭院
	半封闭式 在车辆基地综合开发上部开发功能为大型商业时,会结合内部商业步行通道设置条状通廊式中庭,室内中庭伴随步行街在商业综合体的中部呈脊骨状线形展开,或地下步行街直接衔接综合开发的地下中庭空间	杭州七堡车辆段		在车辆基地综合开发上部开发功能为大型商业时,内部商业步行通道衔接下沉庭院
	封闭式 地铁站出站人流通过封闭的地下步行街,与车辆段综合开发地下层商业空间连通	香港将军澳车辆段		通常地下步行街两侧结合商业设施,形成交通商业一体化的地下空间

模式类型	典型案例	效果图	特点
地面步行街	在车辆基地综合开发中,伴随着周边落地商业开发,需要设置多样化的商业步行街,一般以一条主街的形式嵌入商业区域,把周边形态各异的空间体块衔接起来,营造充满活力的商业氛围	金桥车辆段		立体融入式的布局使人流方向明确,流线简洁清晰

3.5　建设运营要素:商业形态与商业运营

3.5.1　商圈区位与商业模式

3.5.1.1　商圈区位

　　商圈,是指商店以其所在地点为中心,沿着一定的方向和距离扩展,吸引顾客的辐射范围。想要成功地建设和运营轨道交通车辆段上盖商业开发综合项目,首先需要对依托车辆段打造的商圈进行分析。商圈并不是单一个体,作为一个群体组织具有多元化的层级,辐射范围由核心商业圈、次级商业圈和边缘商业圈构成,影响商圈区位的主要因素有面向的消费群体、所在区域位置、上位规划政策以及目标商业价值等。通过对不同区位的车辆段上盖开发案例进行研究整理(见图 3-31),商圈的开发项目特征如下。

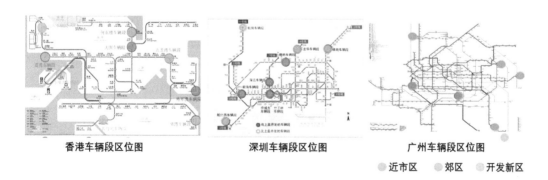

香港车辆段区位图　　　　深圳车辆段区位图　　　　广州车辆段区位图

●近市区　●郊区　●开发新区

图 3-31　主要城市不同区位车辆段分布情况

①位于郊区的车辆段商圈开发项目,周边交通便利,社区居民集中,但由于郊区人口密度一般,商圈辐射的人口在 3 万～6 万人,商圈整体消费水平一般。

②位于近市区的车辆段商圈开发项目,交通线路交错集中,人口聚集度较高,商圈辐射范围 5 千米内,服务人口高于 50 万,商圈整体消费水平较好。

③位于开发新区的车辆段商圈开发项目,具备优越的政策支持,交通极为便利,未来发展依托新区的强磁场效应,区域集聚力极强。商圈辐射范围很大,在辐射范围 10 千米内预发展约 100 万人口,商圈的消费水平最高。

3.5.1.2 商业模式

商业模式是为实现价值最大化,把影响商业发展的各要素整合起来形成的完整高效且具有独特竞争力的运行系统。成功的商业模式可以通过最优形式满足市场需求,实现开发价值,从而使得在地块内部能够实现持续营利的目标。不同商圈区位和环境条件下的车辆段上盖开发空间具有不同的商业模式,通过对车辆段上盖开发案例进行研究,整理和总结车辆段上盖开发商业模式有以下几种。

(1)车辆段上盖商业 1.0

此商业模式为配套型商业,以杭州七堡车辆段为代表,商业空间以住宅底商和沿街商业为主,立足上盖及周边居住区家庭的基础生活消费,以补足辐射范围内的人群日常生活需求。配套型商业模式具有近邻消费、客源稳定以及投资灵活的优势,但同时也会带来住商混杂、业态陈旧和环境污染的问题(见图 3-32)。

图 3-32 车辆段上盖商业 1.0:配套型商业模式

(2)车辆段上盖商业 2.0

此商业模式为一站式商业,以上海徐泾车辆段为代表,打造多功能、多主题、一站式的商业综合体,集时尚购物、生活配套、餐饮娱乐为一体,以一站式消费商业构筑成为社区中心。一站式商业注重场景营造,有利于改善街区品质,满足消费者一站式购物的需求,但同时会面临外街遇冷、业态重合的问题,拉低整体品质(见图 3-33)。

图 3-33　车辆段上盖商业 2.0:一站式商业模式

（3）车辆段上盖商业 3.0

此商业模式为场景型商业,以香港将军澳车辆段为代表,以 IP 植入为理念,运用全场景化思维,以复合空间构筑起乐享生活圈,实现以艺术生态的体验构筑精致生活的美学场景。场景型商业模式拥有极高的环境品质,综合体内结合文化新生、生态体验和艺术风格营造多场景多主题的商业空间,实现空间、业态和风格创新(见图 3-34)。

图 3-34　车辆段上盖商业 3.0:场景型商业模式

3.5.2　商业定位与目标客群

3.5.2.1　商业定位

在进行车辆段上盖商业开发时,需要对上盖空间未来的商业形象进行定位,这是实施商业市场战略的重要步骤。精准明确的商业定位可以提供最佳市场机遇,最高效率地调动各方面因素,达到商业利益最大化。商业定位主要受区位、交通状况、商业网点密集度和消费市场等因素影响,不同商业定位下的地铁车辆段上盖商业开发具有以下几种类型。

（1）社区食品生活型购物区

这种类型的商业定位主要应用于居住主导型车辆段，典型案例为杭州七堡车辆段（见图3-35）。该车辆段上盖空间住宅面积达63万平方米，商业、酒店和办公设施面积达20万平方米，综合体内还配套建设了1座小学和2座幼儿园。整体形成一个交通便利、环境优美、配套齐全的大型高品质生态居住区，为满足开发区内住户的日常需求，规划商业主要以超市或小型百货店作为主力，配之以一些小型零售商和必要的服务，定位是为居住区提供必要的生活需求。

图3-35　社区食品生活型购物区

（2）区域零售型购物区

这种类型的商业定位主要应用于复合功能型车辆段，典型案例为上海徐泾车辆段（见图3-36）。该车辆段依托上海地铁17号线，17号线作为青浦区新城发展的重要"生

图3-36　区域零售型购物区

命线",其站点开发的焦点在于产城一体。徐泾车辆段上盖开发整体定位为"建设以轨道交通为导向的综合社区中心",目标是打造轨交、商业、居住协调发展的城市空间。规划商业为大型商住综合体"天空之城",建筑面积达 10 万平方米,定位是打造大型商业购物中心,构建青浦区新的城市节点。

（3）高级娱乐型购物区

这种类型的商业定位主要应用于商业主导型车辆段,典型案例为香港将军澳车辆段（见图 3-37）。香港将军澳车辆段综合开发是香港新城开发的重点项目,规模较大,包括交通枢纽、办公、购物中心、大型社区,并配套有中小学、幼儿园、社区会堂、中央公园等公共设施。该车辆段综合开发的建设周期长达 14 期,遵循先培育客流后完善配套的市场化路径,预计在 2021 年建设完成的大型商场"The LOHAS 康城",面积为 48 万平方米,是康城区内首个大型商场。商业定位为高级购物区,商业定位远比社区食品生活型和区域零售型商业区高端,业态娱乐性占比大,食物占比小。内部设置商业功能种类齐全,拥有全港最大室内溜冰场、香港将军澳区最大的戏院、大型超级市场、美食广场、露天餐饮区、水景广场、空中花园等,是香港最贵租金地产代理面铺。

图 3-37　高级娱乐型购物区

3.5.2.2　目标客群

对于商业开发项目来说,避免引进的商业业态和营造的商业环境"同质化"是在市场竞争中脱颖而出的有效手段。通过设定明晰的商圈定位,可以寻找到享受同样生活方式的客户群体,进而明确商圈的目标客户,再进一步配置不同规模、水平和层次的商业规划。通过上文可知,地铁车辆段上盖商业开发定位主要有社区食品生活型购物区、区域零售型购物区和高级娱乐型购物区这三种类型,不同的商业定位下目标客群也不尽相同,对应的客群特征描述如下。

(1)社区食品生活型购物区

其主要目标客群是全龄家庭结构的社区居民,聚焦车辆段附近居住区住户,提供日常生活的小型服务商业配套。对于社区居民来说,家庭集体活动的时间主要集中在周末和假期,在商业开发中需要设置户外街区和有品位、有回忆点的趣味性场所。在商业空间的建设运营活动中,还需要考虑为社区中的年轻人群和老年人群提供配套服务,前者的需求是拥有能够满足喜好的有趣场景和舒适的社交空间,后者对带有历史印记的公共空间和悠闲宜人的环境氛围有一定诉求。

(2)区域零售型购物区

其主要目标客群是20~45岁的中产新贵人群,作为城市区域中的一个多功能中心节点,商业配套需要考虑住宅群体、办公楼上班族和车站外来客群三类人群的需求。对于住宅群体来说,活动时间大多集中在周末,需要大量丰富的生活型消费配套和户外时尚餐饮设施;对于办公人群来说,这类人群更注重生活配套与办公场所的联系便捷程度,日常活动多以室内工作型餐饮为主,适合餐饮业态多元的商场;对于依托轨道交通场站带来的其他客流来说,具有购物消费的目的性,注重商业的亮点和独特性,以及商业的多元化体验性,整体商业需要一定的体量规模。

(3)高级娱乐型购物区

其主要目标客群是中高端居民及游乐人群,主要提供高档场所功能。对于周边高端住宅人群来说,活动时间主要集中在周末,常常具有大量的消费需求,对购物场所有品位和趣味性诉求;对于有目的性前来游乐的客群来说,需要为特定人群搭建游乐场景,创造弹性的活动空间和舒适的社交平台,整体商业需要具备一定的规模体量,能够提供舒适多元的商业体验和一站式游乐服务。

3.5.3　商业规模与商业业态

3.5.3.1　商业规模

不同的商业发展模式、商业定位和目标客群,对商业空间的规模需求不同,《绿城社区商业规划升级导则》将商业区按照等级分为客厅型、街坊型、邻里型和区域型,对应的商业规模见表3-5。

表3-5　商业区等级划分

商业类型	客厅型	街坊型	邻里型	区域型
消费群体	服务本小区为主,兼顾周边	服务本小区与周边邻近居民	服务本小区及周边若干地区消费群体	服务于一定区域乃至外围都市的外向型消费群体

商业类型	客厅型	街坊型	邻里型	区域型
商业规模/ 平方米	3000 以内	3000～15000	15000～30000	30000～80000
商圈半径/ 千米	0.5～1	1～3	3～5	5～10 以及外部城市

综合考量车辆段自身特征及环境条件,结合对国内各大车辆段案例的分析研究,与商业定位相对应,本书将车辆段上盖商业开发的空间规模主要分为三个等级:社区食品生活型购物区、区域零售型购物区和高级娱乐型购物区。结合上述商业区等级来看,客厅型商业规模在 3000 平方米以内,体量较小,不适用于地铁车辆段上盖商业;街坊型与邻里型商业我可对应社区食品生活型购物区;区域型商业区可对应区域零售型购物区;高级娱乐型购物区可定位为城市核心商圈,并非单一商业项目,是满足复合车辆段商业开发需要新增的等级。

(1)社区食品生活型购物区

这类车辆段商业开发的规模等级与邻里型商业的规模相对应,商业规模为 1 万～3 万平方米,上盖空间的商业定位为社区食品生活型购物区,为全龄家庭结构的社区居民提供服务。商业空间一般按照集中型商业、半开放式商业街区或开放式商业街区布局。以杭州七堡车辆段为典型案例,车辆段综合开发空间内商业形式多样,以分散式的沿街商业、社区内住宅底商和商业内街为主,构建一处小型集中商业(见图 3-38)。区域内多种商业形式联系感很强,营造的商业氛围十分浓厚(见图 3-39)。

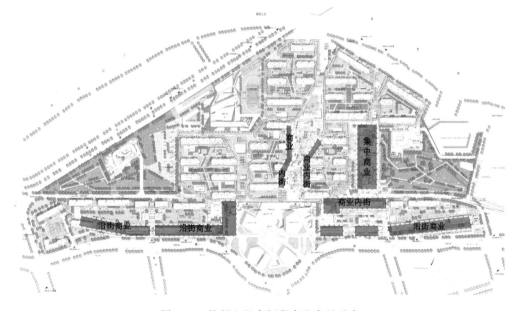

图 3-38 杭州七堡车辆段商业布局示意

图 3-39　杭州七堡车辆段商业综合体效果

（2）区域零售型购物区

由于车辆段优越的开发条件带来的人流优势和市场潜力,对应区域中心型商业的车辆段商业规模有所提升,一般商业体量在 8 万～12 万平方米。这种规模等级的车辆段上盖空间的商业定位是区域零售型购物区,主要目标客群是 20～45 岁的中产人群。商业空间一般打造成集中型商业。以上海徐泾车辆段为典型案例(见图 3-40),该车辆

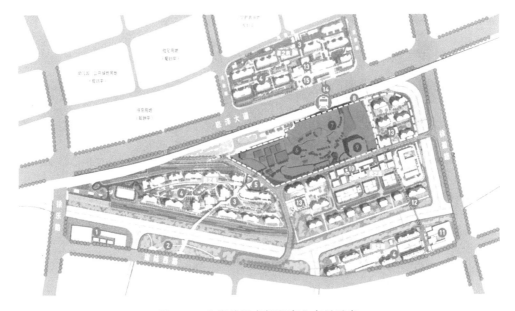

图 3-40　上海徐泾车辆段商业布局示意

段综合开发空间内商业设施于 2020 年 12 月建成,10 万平方米的集中式商业综合体"天空之城"由开发商万科自持管理,面向客群为城市创智型中产阶级,旨在通过打造与轨道交通无缝衔接平台上的微型城市满足这类人群的情感依托和归属(见图 3-41)。

图 3-41 上海徐泾天空之城综合体效果

(3)高级娱乐型购物区

这类车辆段商业开发的规模等级与大型中心型商业规模相对应,商业建筑体量很大,规模达 20 万平方米以上。不仅服务周边地区,商圈辐射范围还可扩大到周边城市,辐射人口可达上百万,大型城市可达上千万不等。这种规模等级的车辆段上盖空间的商业定位是高级娱乐型购物区,主要目标客群是中高端居民及游乐人群。商业空间一般为大型集中型商业综合体。以香港将军澳车辆段为典型案例,在车辆段上盖空间打造 48 万平方米的大型高档商场"The LOHAS 康城",是康城区内首个大型商场,由港铁公司管理并对标其前作圆方广场,为前来消费的高端人群提供有品位、有趣味的一站式商业游乐场所(见图 3-42)。

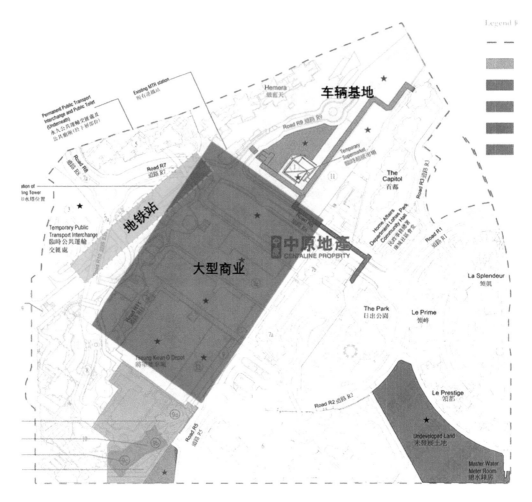

图 3-42　香港将军澳车辆段商业布局示意

3.5.3.2　商业业态

商业业态也称为"零售业态",是指针对目标客群的消费需求,按照一定的战略目标,有选择地运用商品经营结构、店铺位置、店铺规模、销售方式等经营手段,提供销售和服务的经营形态或销售形式,主要包括百货店、便利店、专卖店、专业市场、超级市场、大型综合超市、购物中心和仓储式商场等形式。商业业态的选择受商圈选址、商业定位、目标客群、商业规模等要素影响,选择合理的商业业态是商业经营能够成功运作的关键。本书将地铁车辆段上盖商业开发的业态选择按照商业定位的三种类型进行阐述。

(1)社区食品生活型购物区

对于商业定位为社区食品生活型购物区的车辆段来说,商业开发的规模通常不大,处于 1 万~3 万平方米等级,目标为全龄家庭结构的社区居民提供服务,以杭州七堡车辆段作为典型案例进行商业业态分析(见图 3-43)。车辆段上盖商业开发的商业形式多样,主要以沿街商业、商业内街、住宅底商的形式呈条状均匀分散布局,主力商业业态占比从大到小依次为生活、食品、教育、娱乐(见图 3-44)。目前已集结了诸多知名品牌商

图 3-43 杭州七堡车辆段商业场景实拍

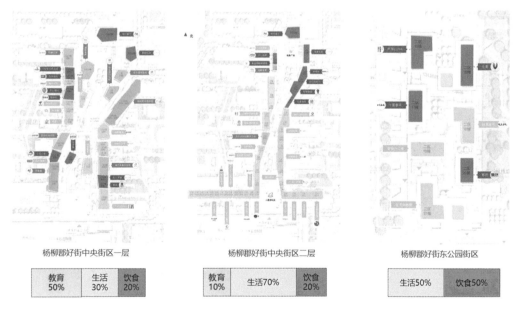

图 3-44 杭州七堡车辆段商业业态分布

家,如杭州的 7-11 旗舰社区店、菲力伟健身、皇茶、绿城育华早教、纯真年代书吧、心塑普拉提形体恢复、柳月餐厅等,旨在立足于上盖及周边居住区家庭的基础生活消费,为居住区提供必要的生活需求。

(2)区域零售型购物区

对于商业定位为区域零售型购物区的车辆段来说,商业开发的规模通常为 8 万～12 万平方米等级,打造集中型商业,目标客群是 20～45 岁的中产新贵人群,商业配套需要考虑住宅群体、办公楼上班族和车站外来客群三类人群的需求。以上海徐泾车辆段作为典型案例进行商业业态分析,徐泾车辆段上盖商业于 2020 年底建成,由万科自持管理,主要以小型家庭、亲子、年轻化为主导,商场主要商户为食肆、时装、亲子店等。由于尚未投入使用,官方宣称其商业级别、商业业态和管理模式对标前作上海闵行万科七宝广场,因此在这里对上海闵行万科七宝广场的商业业态进行深入分析。上海闵行万科七宝广场的主力业态由零售、餐饮、娱乐(全龄)、健身构成,零售型主力店面积段集中在 1000～2000 平方米,分布楼层集中在 1F—3F,面积占该楼层约 15%;娱乐主力店面积段在各个面积段都有分布,分布楼层集中在 3F—5F,面积越往高楼层占比越高,从 20%～50%不等;餐饮主力店面积段集中在 1000～3000 平方米,分布楼层集中在 B1 层。商场通过打造覆盖全年龄层、多功能、多业态的场景空间,营造全方位家庭式生活感,一举成为“上海近郊辐射能力最强”的购物中心(见图 3-45)。

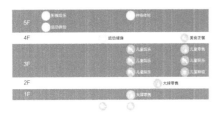

图 3-45　上海闵行万科七宝广场商业业态分布

(3)高级娱乐型购物区

对于商业定位为高级娱乐型购物区的车辆段来说,商业开发的规模很大,通常在 20 万平方米等级,打造大型集中型商业,目标客群为中高端居民及游乐人群。以香港将军澳车辆段作为典型案例进行商业业态分析,将军澳车辆段将打造大型商场“The LOHAS 康城”,预计 2021 年建成,由港铁公司管理。官方宣称康城广场的商业级别、业态和管理模式对标前作圆方广场。圆方广场的商户组合包括名牌购物、环球美食、休闲娱乐、服装服饰、美容健康(见表 3-6、表 3-7)。圆方广场主力店业态,总体量为 1.7 万平方米,占商业总体量的 23%,成功吸引人流成为目的性消费的强大吸引力(见图 3-46)。

表 3-6　圆方广场商户组合情况总结

业态类型	面积/万 m²	所占比例
名牌购物	1.93	26.11
环球美食	0.94	12.74
休闲娱乐	1.56	21.02
服装服饰	1.08	14.65
美容健康	1.89	25.48

表 3-7　圆方广场主力店业态分布总结

业态类型	面积/m²	所处楼层
超市	4000	一层
影院	9000	二层
溜冰场	4000	低层
总体量	17000	—

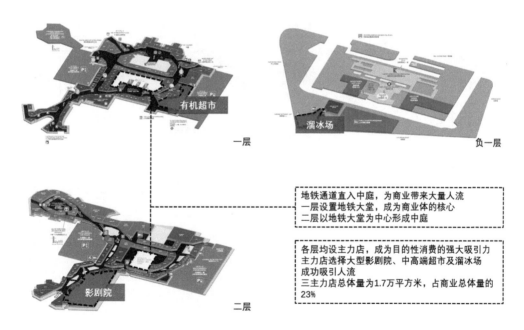

图 3-46　圆方广场主力店布局

3.5.4　小　结

轨道交通车辆段上盖空间综合开发的建设运营要素主要包括商圈区位、商业模式、商业定位、目标客群、商业规模与商业业态这几个方面，上文对各要素特征进行了详细说明和案例分析，现总结如表 3-8 所示。

表 3-8　地铁车辆段上盖综合开发建设运营总结

模式	项目规模	定位	区位	商业形态	商业业态	经营形式	主力店选择条件	目标客群	分期开发	典型案例项目
1.0	1 万~3 万 m²	社区食品生活型购物区	郊区	集中型商业/半开放式商业街区/开放式商业街区	娱乐 10% 生活 教育 食品 40% 30% 20%	销售商业	设置二线品牌的影院、生活超市和连锁健身作为主力店	全龄家庭结构的社区居民	住宅前期开发售出回资商业中后期开发	七堡
2.0	8 万~12 万 m²	区域零售型购物区	近市区	集中型商业	教育 餐饮 零售 娱乐 15% 20% 45% 20%	租售并举	设置一线品牌的精品超市和大型院线作为主力店	20~45 岁中产新贵人群		徐泾
3.0	20 万 m² 以上	高级娱乐型购物区	开发新区	大型集中型商业	餐饮 零售 娱乐 45% 40% 15%	整体出租	设置大型娱乐、大型戏剧院线和大型超级市场作为主力店	游乐人群及中高端居民		将军澳

4 地铁车辆段TOD上盖商业的绿城经验

4.1　地铁绿城·杭州杨柳郡

4.1.1　项目概况

（1）区域分析

项目位于杭州市艮北新城板块的核心区，是未来城市东扩的重要节点（见图 4-1）。艮北新城定位为年轻化、时尚化的"杭州活力新中心"，新城区块总占地为 3.9 平方千米，规划居住建筑面积为 346 万平方米，规划人口约 10 万，后期将重点打造教育、健康、慢生活体系。项目所在地块距市中心及钱江新城约 7 千米，仅 10～15 分钟车程，与地铁 1 号线七堡站零距离接驳，到达城市核心商圈武林广场仅 6 站。对外交通方面，2 站直达火车东站，周边有德胜快速路、艮山东路、建华路、杭甬高速四条城市及高速道路，萧山国际机场全程高速抵达，地理区位优势明显。此外，地块周边还设有 6 个公交站点，10 条公交线路，人车出行极其便利，交通价值十分优越（见图 4-2）。

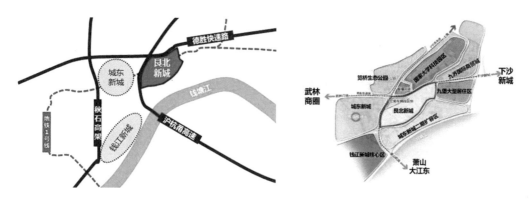

图 4-1　杭州杨柳郡项目区位条件分析

（2）周边配套

综合来看，随着政府区域规划落地实施，在地铁 1 号线的支持下，项目具有很好的未来前景（见表 4-1）。项目地块周边各大知名开发商楼盘林立，被越秀亲爱里、世茂东壹号、招商雍和府、雍华府、交通小时代等大型住宅社区环绕，这些住宅将在未来几年内进入集中交付，周边居民数量将呈现爆炸式上升，成为项目庞大的客源基础，从而拥有充足的客群。区域 3 千米范围内存在港龙城市商业广场、华润欢乐颂等超大型商业综合体，但是商业体量较有限，地上地下的商业整体感不强，远距离辐射力有限。虽然区域商圈成熟度较低，但未来仍存在激烈的竞争。此外，区域规划以中央公园为核心辐射，未来规划发展学校、医院等公共配套设施，区域的教育、医疗、公园等配套设施正逐渐完善（见图 4-3）。

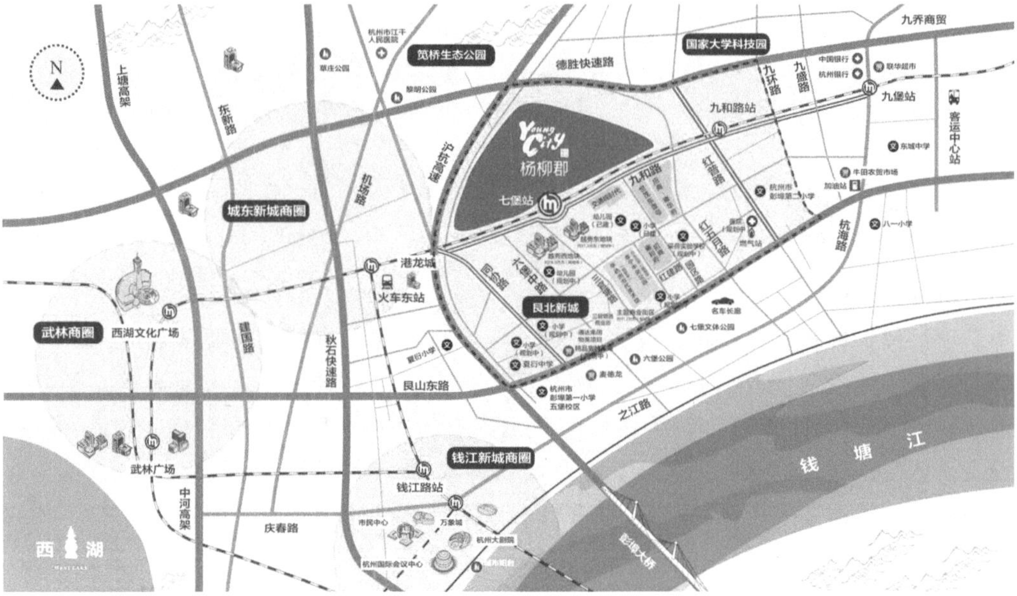

图 4-2　杭州杨柳郡项目交通条件分析

表 4-1　杭州杨柳郡项目区域资源评级

分类	土地属性因子	评级	
		现实性	未来性
区位	区域位置	★★★★★	★★★★★
交通条件	交通配套	★★★★★	★★★★★
	道路通达性	★★★★★	★★★★★
配套设施	商业配套	★★	★★★★★
	教育配套	★★	★★★★★
	医疗配套	★★	★★★
	休闲运动	★★★	★★★★
景观环境	自然环境	★★★★	★★★★
	历史环境	★★★★	★★★★
	人文环境	★★★★	★★★★
城市角色	产业发展	★★★★	★★★★★
	历史接受度	★★★★	★★★★★

图 4-3　杭州杨柳郡项目区域配套设施示意

4.1.2　商业定位

（1）客群分析

该项目商业目标客群主要来自三类人群。

①自身居住客群：主要指 1 千米范围内的居住客群，这类人群数量众多超 3 万人，家庭年龄结构偏年轻化，多为年轻单身、年轻夫妇及年轻三口之家。这类人群享受个性化、品质化的生活方式，生活状态主要围绕工作、娱乐及儿童，因此，在生活品质保障的同时，追求工作时的便利性以及追求日常生活中的创新与趣味、儿童教育和娱乐的全新舒适体验。

值得一提的是，目前年轻有孩家庭占比约 1/3，可以预见未来几年有孩家庭将会飞速增加，伴随新婚生孩、二孩政策等影响，母婴类、教育类等儿童业态需求不断增加。同时当前以及未来不断增加的同住长者的日常健康、文化娱乐、居家生活的需求点，需充分被考虑。以杭州杨柳郡未来家庭结构为例，总的来看，这类客群消费类型当前以追求年轻一族自身个性化、品质化生活方式为主，未来将逐渐向关注儿童教育成长、自身事业提升发展，以及老年人精神生活与健康管理等全家庭化、全龄段需求的生活方式转变（见图 4-4）。

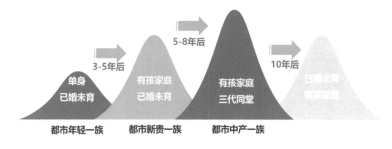

图 4-4　杭州杨柳郡未来家庭结构演变过程预测

②商务办公客群:主要由引入的商务办公白领组成,项目自身的办公物业未来导入办公人员约 3500 人,后期物业交付后预估可导入 8000 人,构成项目内商业消费的核心主体。这类人群以年轻潮流人士为主,对就近的消费环境、生活消费依赖度较高,不仅对餐饮、金融、零售、健康业态有一定的需求,还对丰富生活品质、陶冶精神文化业态较为重视。

③周边城市客群:主要指伴随轨道交通带来的外溢客群,包括地铁客群和区域客群。前者是指随着地铁网络完善带来的地铁偶得客流,后者则是指随着区域商业及配套逐渐成熟后,带来的目的性消费的人群。这类人群抱有较强的消费目的,对日常的生活业态有一定量及质的需求,主要以餐饮、休闲娱乐、零售商业等消费为主,追求多元化、场景化、时尚化的消费体验,不仅关注产品本身,同时对商业场景和消费氛围有所要求。

总的来看,未来随着该项目商业配套设施的逐渐落实,成熟期利好完全显现,辐射客群量将大幅提升,逐渐由自身业主、周边社区居民扩展到区域产业人群和地铁外溢人群。客群诉求由社区生活逐渐向都市生活转变,未来客群需求将由基本生活需求、品质生活需求和特色生活需求组成(见图 4-5)。

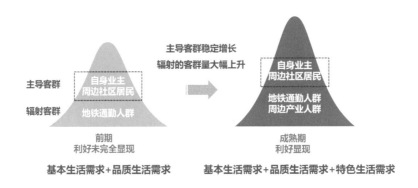

图 4-5　杭州杨柳郡辐射目标客群结构演变预测

(2)项目定位

从前期分析来看,项目周边主要竞争商业体的类型以城市综合体居多,周边住宅配套商业以生活服务型商业为主。反观项目优势,该项目同时具备地铁商业与写字楼配套商业的特质,目标客群的核心以商务白领为主,其次是周边居民,因此该项目关键词包括:年轻、潮流、休闲、主题、智慧、文化等,次级元素为居家和生活。综合来看,将该项目定位为社区旗舰商业、都市青春小镇,构建融合健康、教育、休闲、便民、餐饮、零售等全方位的园区生活服务体系。其目标是在落地 5 年内打造成为杭州最具青春活力的生活趣处,10 年内打造成为杭州全龄段活力都市小镇。三期商业定位为潮流时尚街区,通过小户型一层沿街商铺,构建精美展示的小面积业态,以精美零售为核心,打造国际时尚潮流新体验;四期商业定位为都市休闲街,通过大户型、大进深的连廊商铺,构建主题性、目的性大面积综合商业体,以休闲娱乐为核心,打造全方位都市休闲娱乐新生活(见图 4-6、图 4-7)。

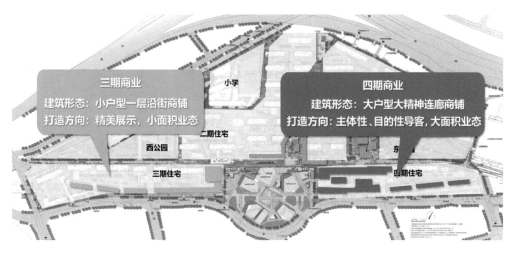

图 4-6　杭州杨柳郡项目商业分期开发示意

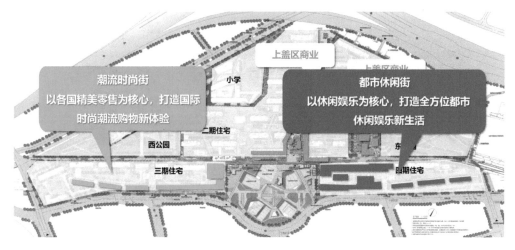

图 4-7　杭州杨柳郡项目商业主题定位示意

4.1.3　规划设计

（1）总体规划

杭州杨柳郡地铁上盖综合体总建筑面积为 806298 平方米，共计 4606 户。其未来将成为拥有 1.3 万多人的超大型社区。大型社区提供有力消费支撑；优质配套齐全，入住率有保障。项目规划有四期住宅、4 万平方米商业、2 个公园、2 所幼儿园、1 所小学及托老所，自 2017 年起分批交付呈现（见图 4-8、图 4-9）。项目商业总体量为 39656 平方米，由上盖区与落地区组成；其中上盖区为 14185 平方米，已于 2018 年 4 月建成交付（注：在撰写过程中，本项目采用相关资料时间为 2017 年）。

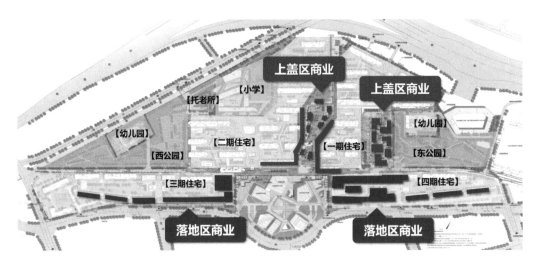

图 4-8 杭州杨柳郡项目平面分区

图 4-9 杭州杨柳郡项目鸟瞰效果

（2）空间布局

杭州杨柳郡商业空间整体分为两大区域：对内的上盖区与对外的落地区（见图 4-10）。对内上盖区由中部的好街和东部的杨柳荟组成，以人为本，立足核心客群的消费需求，以家庭为核心带动园区消费活力；对外落地区由南部的运动健康专区和休闲消费专区组成，满足周边及地铁客群消费需求，塑造健康消费概念，打造 YOUNG 生活方式。

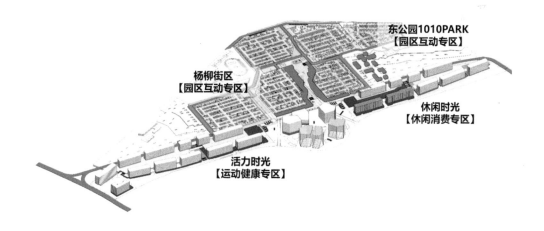

图 4-10　杭州杨柳郡项目商业空间分区

①中轴好街：中轴好街打造生活趣享空间，由生活配套、教育配套、休闲生活、创意体验四大功能构成，以实现无微不至，全方位提升生活品质。

好街 13 米板高度总面积为 5917 平方米，使用面积为 62.94～623.78 平方米。设计出门既有便利的生活所需，又是孩子们的乐趣课堂，营造新型邻里空间和特色儿童空间（见图 4-11）。

图 4-11　好街 13 米板高度平面设计及效果

好街9米板高度总面积为6186平方米,使用面积为68.91～269.75平方米,提供品质生活和创意体验的功能服务。设计有可以互动的广场、灵动的景观,以及缤纷的品质生活配套和创意体验空间,打造年轻生活体验和乐活互动氛围(见图4-12)。

图4-12　好街9米板高度平面设计及效果

②杨柳荟:杨柳荟打造美食乐享公园,总面积为2082平方米,使用面积为173.65～444.38平方米,提供餐饮配套功能。"杨柳荟"是一个自然景观绝佳的餐饮体验区,充满曲径通幽的美妙体验,创造四季旨宜的环境,拥有众多精美餐饮料理,在安静与悠闲中品味生活(见图4-13)。

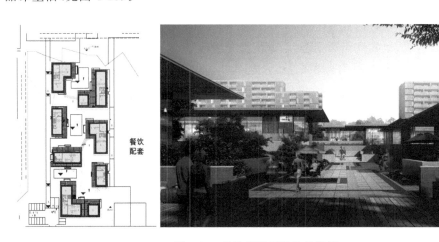

图4-13　杨柳荟平面设计及效果

4.1.4 招商运营

(1)业态落位

①上盖区业态落位:好街(13 米板)主打生活配套和教育配套功能。其中园区食堂主推商户为柳月餐厅;家常餐饮主推商户为晟宴;花房/绿植主推商户为良品花艺;西点烘焙主推商户为宽焙客;面馆主推商品为吉祥馄饨;小吃、包子铺主推商户为巴比馒头;水果主推商户为鲜丰水果;生活超市主推商户为明康汇与 7-11;儿童早教主推商户为育华早教;儿童教育辅导主推商户为艺童星学院、柚艺家、忆触记发;母婴综合馆主推商户为爱婴岛(见图 4-14)。

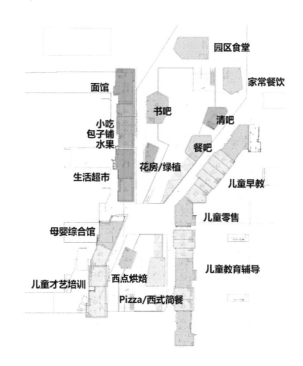

图 4-14　好街(13 米板)业态落位示意

好街(9 米板)营造休闲生活和创意生活功能。其中餐吧主推商户为青柳轩;进口品超市主推商户为华联美购;药店主推商户为老百姓大药房;洗衣主推商户为尤萨洗涤;美容美发主推商户为喜上发梢;牙科诊所主推商户为康弛口腔;健身体验馆主推商户为菲力伟与心塑孕产普拉提;宠物医院主推商户为宝豆宠物(见图 4-15)。

杨柳荟主打餐饮配套功能。其中日韩料理主推商户为和之食;创意菜/特色餐厅主推商户为十里春风、元素;西餐主推商户为翠熙餐厅(见图 4-16)。

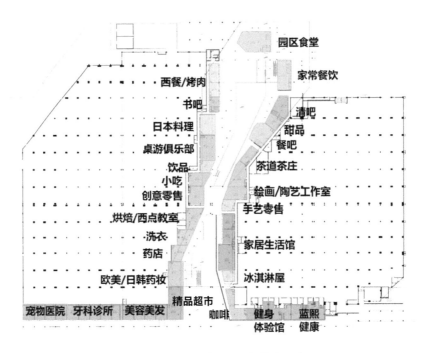

图 4-15　好街(9 米板)业态落位示意

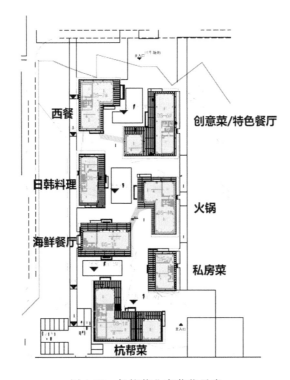

图 4-16　杨柳荟业态落位示意

②落地区业态落位:运动健康专区打造以运动生活为主题的时尚潮街,主要由京都好物街、潮服街区、综合运动馆等业态构成。京都好物街总建筑面积为 1771.73 平方米,其中的日式街区设计将整条潮街上遍布各类日式的精美商品零售店,包含日本药妆店、韩国美妆店、日本家居用品店、日韩代购店、韩国潮流服装店等,为追求韩流时尚、喜爱日式精致的客户提供丰富多样的选择,而 VR 街区提供虚拟体验式购物街、天猫体验店,为一次购物提供更多可能。潮服街区总建筑面积为 2387.83 平方米,集合欧美风、OL 风、萝莉风还有韩范、日系、学生范、性感范等多种风格,满足顾客买买买的冲动,网罗各国特色、各式风格的私服美饰。综合运动馆总建筑面积为 3265.31 平方米,汇聚各类潮运动方式,如击剑、射箭、综合格斗、普拉提等,不仅有小团体运动塑性课程,更是不定期推出各类运动比赛,等待运动达人们参加(见图 4-17)。

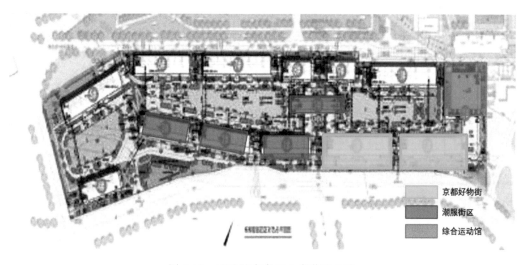

图 4-17　运动健康专区业态落位示意

休闲消费专区打造趣味生活为主题的休闲空间,包括都市休闲屋、城市新空间、健康理疗站和艺术培训/儿童零售集合店等业态。其中,都市休闲屋总建筑面积为 6038.33 平方米,为快节奏城市生活下的人们提供足浴按摩、美体 SPA、桌游棋牌、咖啡茶点等室内多样化休闲方式,同时,也成立了各类户外社团,以各大旅行社、旅行网站为基础,提供定制化行程、同游者招募等服务。城市新空间总建筑面积为 1286.9 平方米,网罗新奇有趣的 VR 体验、智慧有趣的各类桌游室、安静休闲的知识书吧等,提供新颖、别致的城市体验空间,同时,文创小点网罗各类文学、艺术、技艺等文艺青年,以众筹、众享为核心,为年轻人打造一片实现梦想的空间;健康理疗站总建筑面积为 510.8 平方米,采用传统中医疗法,利用针灸、拔罐、推拿等手法达到强身健体、缓解病痛的效果,更有定期名医专家坐诊、名医讲座等,为日常健康提供更专业、更贴心的服务;艺术培训/儿童零售合集店总建筑面积为 4001.36 平方米,艺术培训以绚丽的色彩、奇妙的创意、有趣的课程、专业的师资,带给孩子无限欢乐的童年、开拓孩子的想象力与创造力,开启孩子的别样艺术之旅(图 4-18);儿童零售集合店提供孕产妇用品、婴儿食品用品、儿童玩具服饰等大型体验式零售集合店,满足孕产妇、0~6岁婴童的一站式购物、体验需求。

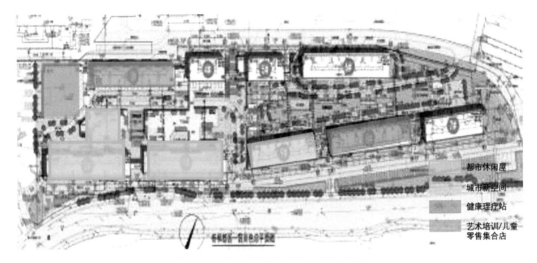

图 4-18 休闲消费专区业态落位示意

(2)招商推广

杭州杨柳郡以"以人为本,服务生活"的运营服务宗旨服务商家与消费者。对于消费者来说,舒适的消费体验、人性的推广手法和诚信的服务品质是服务的核心。对于商家来说,有效的客流导入、强黏性的消费惯性以及专业的商家经营指导是服务的关键。杭州杨柳郡以三段式推广节奏为核心,话题软植入,主题强宣传,后宣重延续,实现推广的趣味性、多变性、长效性(见图 4-19)。具体以公益活动外延体验提升,以商业活动实现代客引流,以园区社群活动实现自洽自足。

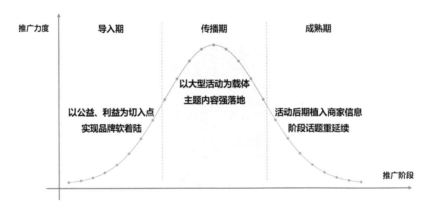

图 4-19 杭州杨柳郡项目运营推广策略示意

①公益活动:目前杭州杨柳郡园区互助公益体系基本成型,以好街公益服务队为纽带,"益四季""益支付""益阅读""益课堂""益捐助"五大公益正式落地。在公益活动的组织上,以好街四季主题活动为主轴,迎合四季活动主题,将各类公益活动穿插其间,强化品牌活动概念。冬季年货季以"邻里宴"、"好街春晚"和"感动好街公益评选"为活动形式;春季组织"好街志愿服务队抗疫行动""好街好市之助商扶农'益'家"活动;夏季结对帮扶山区儿童,同时组织暑期山区生活体验和美好结伴"一对一"帮扶关系;秋季以好街商家公益巡展、公益商家感恩回馈与街道共同组织大型公益活动。

②商业活动:根据 2020 年度好街增值服务新的主旨,全年通过四个季节、四大特色活动主题,呈现好街商业氛围。整合全国各区域好街内部和当地外部渠道、资源、平台,逐步打造绿城好街品牌活动体系,并充分考虑全国各个好街特色,统一、自主,联动开展,互相带动。冬季的线上线下立体年货节,以线上线下大型年货展销会,集合内外商户,聚拢园区内外居民业主人气,为好街整体带来大量客流,促进消费。春季的线上好街"好市"针对抗疫期间不能线下作业的情况,为好街商户、为业主家人开辟新的销售渠道,为好街品牌提升商业溢价,甚至实现营利。夏凉节以暑期学生家长强盛的教育类需求为契机,结合夜间纳凉的特性,策划相关商业活动,为商家带客引流。秋季丰收季组织线下美食大会、线上美食秒杀、线上好街好市"双十一"/"双十二"秒杀和圣诞亲子派对。

③社群及园区活动:在业主共同兴趣爱好的引领下,组建各个好街兴趣社群,以"非营利"为内在原则基础下,好街、业主、商户三方共同参与社群日常管理,各司其职各取所长服务于社群,兼容并包但又互相监督管控好社群发展。杭州杨柳郡经过摸索,商家和业主共同创建了五大社群,即好街读书社、好街吃货社、好街交友社、好街烘焙社、好街亲子社,社群体系初步构建完成,将逐步走向社区自治与生长(见图 4-20)。

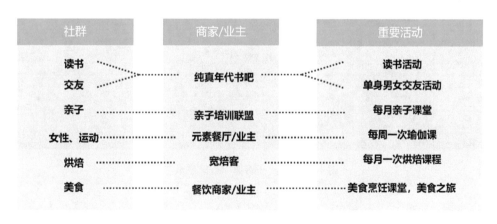

图 4-20 杭州杨柳郡项目园区社区组织模式

4.2 轨道绿城·宁波杨柳郡

4.2.1 项目概况

（1）区域分析

项目地块位于宁波市邱隘镇东、五乡镇西，地处两镇区域正中，未来将被纳入宁波市东部新城的核心区。其乡镇近期规划人口为6.2万人，功能定位以生态居住功能为主导，未来将打造集城市休闲、先进制造业于一体的城市功能区；邱隘南部规划人口4.5万人，功能定位为镇公共服务中心、东部新城外溢的商务与生活配套功能区；东部新城未来规划人口为12.12万人。项目所处地块未来总辐射人口超20万人，拥有极具潜力的发展前景。周边地铁1号线经过带来巨大人流量，主要干道如东环南路、绕城高速、通途路、G329林立，对外交通便捷度较高，区位条件好（见图4-21）。

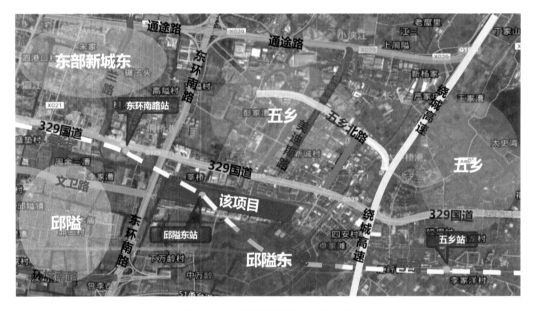

图 4-21 宁波杨柳郡项目区位示意

（2）周边配套

项目区域内周边商业特征主要表现为缺乏集中商业，仅有邱隘镇业态的利时大厦和五乡区域的杰迈广场有多类业态复合，辐射力度有限，其余均为普通街铺，以连跨邱隘、五乡两镇的沿街社区型商铺为主力。整体商业业态偏向中低端，经营情况不一，以生活购物类街铺、小餐饮店等社区生活配套商业为主要表现形式，商业首层平均租金约4元/平方米·天，商业竞争力较弱（见表4-2、图4-22）。

表 4-2　宁波杨柳郡项目周边商业经营现状情况一览

项目/商业街	区域	商业面积/m²	首层平均租金/元/m²·天	业态组成	经营情况
青年路	邱隘	10～150	4.4	超市、诊所、SPA、小餐饮、母婴用品、水果店、鞋店等	良好
镇中路		6～52	5.5	超市、水果店、书店、小餐饮、窗帘店、水果店、宾馆等	良好
盛莫路		20～300	3.7	手机通信、银行、菜市场、餐饮	一般
杰迈广场	五乡	25～432	3.65	超市、KFC、电玩、网咖、培训、餐饮等	一般
蟠龙路		27～90	4.3	超市、银行、餐饮、布艺、快递等	良好
中州路		22	3.1	小餐饮、便利店、快递等	一般
合计	—	—	4.1	—	—

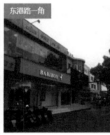

图 4-22　宁波杨柳郡项目周边商业经营现状实景

(3)项目地块

本项目由宁波轨道交通和绿城共同打造,项目地块南至轨道交通职工宿舍、宁波轨道交通职工之家和轨道交通办公区域,东、西、北部被后塘河与万龄江围绕(见图 4-23)。总用地面积约为 18.7 万平方米,总建筑面积约为 58 万平方米,容积率为 2.1,预估住宅套数约为 3328 套。

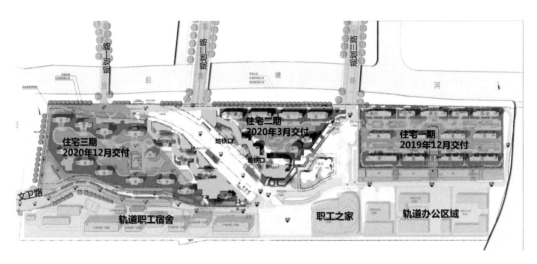

图 4-23   宁波杨柳郡项目地块总平面示意

4.2.2   商业定位

（1）客群分析

本项目商业目标客群主要来自三类人群。

①周边住户客群:这类客群包含邱隘和五乡镇原住民,职业形式多样,以普通上班族和个体从业者为主。家庭结构中以青年夫妇带小孩的 3 口之家为主要特征,子女处于早教阶段或以学龄儿童为主。周边住户客群较关注餐饮、购物、电影院、儿童等业态,对区域现有配套不甚满意,例如大型购物广场及超市的缺失、电影院难寻、无游泳场地等,在建筑形态方面对封闭式购物中心更为偏爱。总的来说,这些周边住户的收入不高,但消费需求旺盛,消费能力一般,日常生活消费主要以本地消费为主,对消费档次要求不高,但大多数期望区域商业升级。

②社区业主客群:该项目开发带来的未来消费群体主要是杨柳郡住户和轨道交通员工,这类目标客群入驻后,将成为项目的固定客群。这类目标客群以高知的中青年人群为主,年龄段在 20～45 岁,消费能力强,在日常需求基础上对消费体验及业态有一定要求,追求休闲娱乐、餐饮、品牌购物和运动健身等功能需求,并有一定的档次要求。

③外溢消费客群:对于该项目来说,随着私家车主的增多和地铁带来的人流,潜在消费可进一步被挖掘。这类外溢客群以年轻人居多,消费能力尚可,主要以餐饮、休闲类消费为主,对特色业态又较为关注,追求时尚小资的消费体验,不仅对产品有较高要求,对消费氛围同样看重。

总的来说,现状和未来消费客群均有很大的商业消费需求,且未来目标客群具有更强的消费能力,以年轻高知人群为主,目标客群对特色餐饮、品牌购物及休闲运动等业态需求度较大,对新鲜事物感知度和对时尚的追逐度普遍高于现状客群。因此,需要在满足业主日常生活的同时,制造区域消费升级。在项目打造中植入更多特色文化元素,构建场景营造消费氛围,更好地适合该项目主力客群,从而增强项目竞争力。

(2)项目定位

从目标客群来看,项目业主数量约 7815 人,轨道交通员工约 3000 人,根据 1 平方米/人的人均社区商业配建标准计算,项目自身的商业需求量约 1 万平方米,而项目实际商业体量约 2.5 万平方米,项目的实际商业体量远远超配了项目自身客群需求。除此之外,项目目标客群年轻化特征明显,但目前区域内商业能级较低,区域内品质型集中商业缺失,不能满足目标客群消费需求,因此需要挖掘客群深层需求才能产生更高的消费者忠诚度和客户黏性。该项目与地铁直接接驳且物业形态、体量均具备商业街区条件,定位上需要把握商业深层的主题与体验趋势,不仅做到体验升级,更要做到双向互动,在满足日常社区服务功能的基础上,实现区域消费升级,迎合目标客群的高品质、多元化、年轻态的消费需求。

综合来看,该项目定位为区域商业中心,功能上既要与东部新城周边商业形成聚拢效应,形成商业聚集,又要在定位及业态选择上与其进行差异互补。在此基础上项目定位成为宁波首席地铁上盖生活综合体——"运动创意＋儿童教育＋主题餐饮＋潮流街"体验式新青年生活广场(见图 4-24)。功能上汇聚运动、培训、餐饮、购物、休闲、体验、娱乐、文化八大功能,不仅通过丰富青年娱乐休闲业态增强了青年群体的黏性,更是通过打造全龄段活力小镇,展现缤纷邻里生活新方式的商业街区,成为社交、家庭休闲生活、儿童教育培训的优选之地。

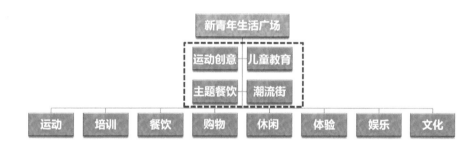

图 4-24 宁波杨柳郡项目功能定位示意

4.2.3 规划设计

(1)总体规划

该项目规划总用地面积约为 18.7 万平方米,总建筑面积约为 58 万平方米,其中住宅建筑面积约为 36 万平方米(3126 套),商业建筑面积约为 2.5 万平方米。商业地块位于住宅二期跟三期之间,依托轨道交通 1 号线邱隘站出入口上盖空间开发综合物业。

项目整体由住宅、商业及幼儿园三大部分组成,项目的规划原则为最大限度保证住宅用地的价值,在此基础上对 25000 平方米商业用地(分布在 A、B 地块)进行规划(见图 4-25)。商业整体按 A、B 地块分两期交付,B 地块 2020 年 3 月底交付,共 74 套,商业合计 12548 平方米;A 地块 2020 年 12 月底交付,共 120 套,合计 12994 平方米(注:在撰写过程中,本项目采用相关资料时间为 2019 年)。

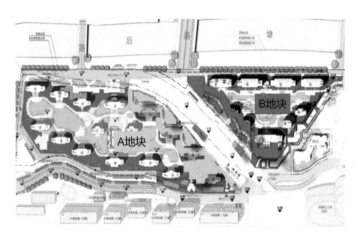

图 4-25 宁波杨柳郡项目商业开发分期示意

(2)空间布局

从总体布局来看,与地铁接驳是该项目最显著的特征,地铁上盖物业以邱隘地铁站为中心向外辐射(见图 4-26)。依托轨道交通带来的大量人流,地铁口所在中心广场两

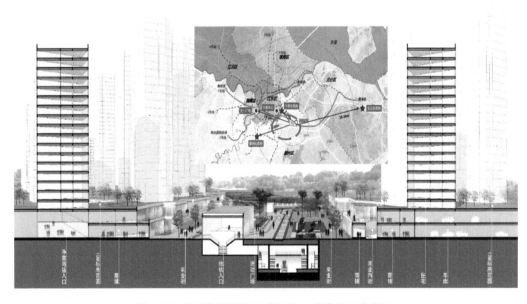

图 4-26 宁波杨柳郡项目车辆段上盖商业开发剖面

侧的店铺商业价值最好,依托两个地块小区主入口次之,A 地块西北侧、B 地块东北侧及 15 米板阶梯下商业价值最低(见图 4-27)。

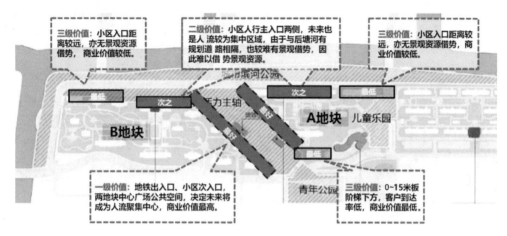

图 4-27　宁波杨柳郡项目地块商业价值分析

　　因此在合理定位的基础上,构建兼具商业街形态与半开放形态,使得业态组合更合理,客流导入更科学。A 地块内主要由 2 层的小版块主力店,以及 1～3 层的街栋式商业构成;B 地块内由 2000 平方米规模的大型生活馆、生鲜超市和儿童主题集合店为主力店,辅以 2 层内街式餐饮街区组成;地块间设置构筑物连接 A、B 地块商业,完成地块间连接呼应,形成有机统一的社区生活中心(见图 4-28、图 4-29、图 4-30)。

图 4-28　宁波杨柳郡项目商业街区鸟瞰效果

图 4-29   宁波杨柳郡项目商业街内景效果

图 4-30   宁波杨柳郡项目地铁口改造效果

4.2.4   招商运营

（1）业态落位

总体布局来看，项目整体商业业态由美食、零售、休闲、儿童和服务功能构成。其中美食功能占 28%，包括中西餐饮、网红料理等品质餐饮业态；零售功能占 18%，包括服饰零售、生活零售等品质零售业态；休闲功能占 27%，包括健身运动、美容 SPA、影院等休闲娱乐业态；儿童服务功能占 17%，包括教育培训、儿童零售、儿童游乐等儿童服务业态；服务功能占 10%，包括生鲜超市、洗衣理发等日常生活服务业态。这些功能业态按照 A、B 地块的不同特征，分布在两个地块内（见图 4-31、图 4-32）。

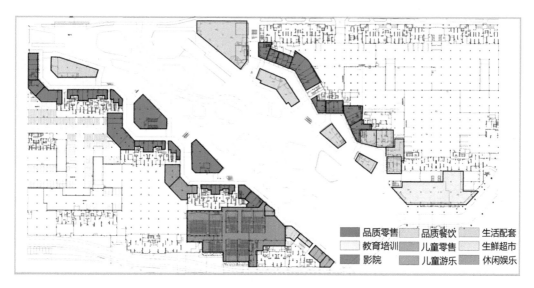

图 4-31　宁波杨柳郡项目整体 1F 业态落位

图 4-32　宁波杨柳郡项目整体 2F 业态落位

合理的业态落位有利于地块发挥最大价值，对于 A 地块来说，相比 B 地块拥有更大的展示面，地块本身面积较大，拥有更多纵深空间，有利于聚集人流。在业态选择上以小板块业态为主,重点设置一座3000平方米的2层影院作为主力业态,吸引地铁带来的大量年轻客群,并在周围布置延展零售类商业、餐饮等,打造栋式潮流休闲娱乐聚集区(见图4-33、图4-34)。

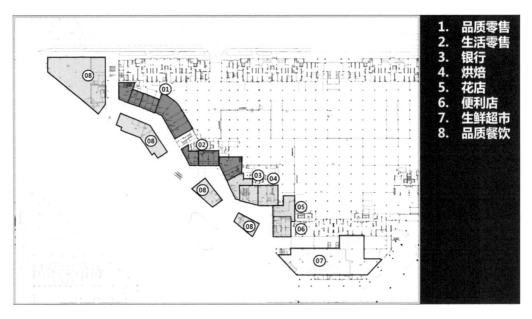

图4-33　宁波杨柳郡项目B区1F业态落位

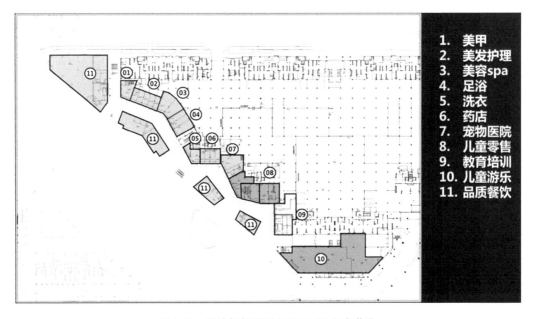

图4-34　宁波杨柳郡项目B区2F业态落位

作为整个项目的首期开发商业,B 地块为倒三角地形,大面积铺设商业的展示面较弱,因此地块主要业态功能以展示、配套服务为主,首先满足社区日常生活需求,同时拓展年轻化的休闲娱乐功能,打造充满活力的商业场景,先行集聚人气,积攒商业潜力。业态选择上打造集接待中心、主题餐厅、体验区为一体的生活馆,并设置大型生鲜超市、儿童培训娱乐、生活配套等功能,满足社区家庭的日常需求(见图 4-35、图 4-36)。

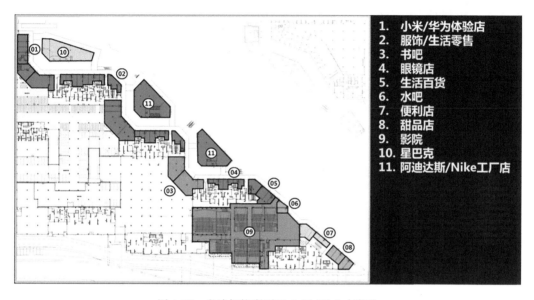

1. 小米/华为体验店
2. 服饰/生活零售
3. 书吧
4. 眼镜店
5. 生活百货
6. 水吧
7. 便利店
8. 甜品店
9. 影院
10. 星巴克
11. 阿迪达斯/Nike工厂店

图 4-35 宁波杨柳郡项目 A 区 1F 业态落位

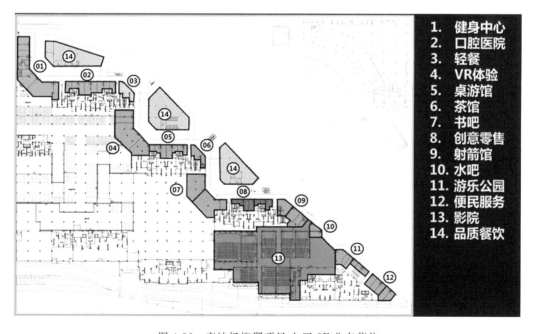

1. 健身中心
2. 口腔医院
3. 轻餐
4. VR体验
5. 桌游馆
6. 茶馆
7. 书吧
8. 创意零售
9. 射箭馆
10. 水吧
11. 游乐公园
12. 便民服务
13. 影院
14. 品质餐饮

图 4-36 宁波杨柳郡项目 A 区 2F 业态落位

4.3 福州榕心映月

4.3.1 项目概况

(1)区域分析

项目地块位于福州市仓山区,仓山区于2018年10月入选全国科技创新百强区、全国绿色发展百强区,具有良好的发展前景。项目位于地铁2号线与5号线换乘接驳站(见图4-37)。地铁2号线为福州主城区东西向主轴骨干线,是福州市东西向主客流走廊,连接福州市主要文教科研区、主要工业区、历史文化发展中心、大型居住区。5号线为福州主城区范围南台岛东西向轨道交通骨干线,途经闽侯城区、荆溪新城、金山片区、义序片区等组团,连接奥体中心、福州南站等重要节点。此外,地块周边有5个公交站点和1个公交总站,双地铁接驳换乘以及多个公交场站等交通条件,使得该项目具有很强的出行优势,人流聚集效应显著(见图4-38)。

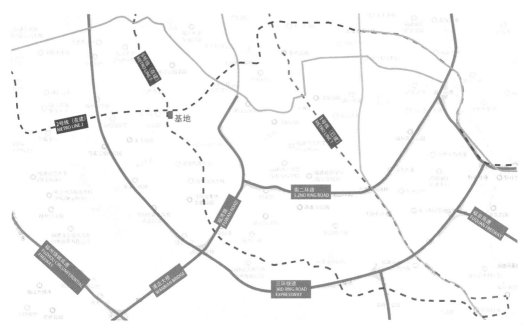

图 4-37 福州榕心映月项目地铁接驳分析

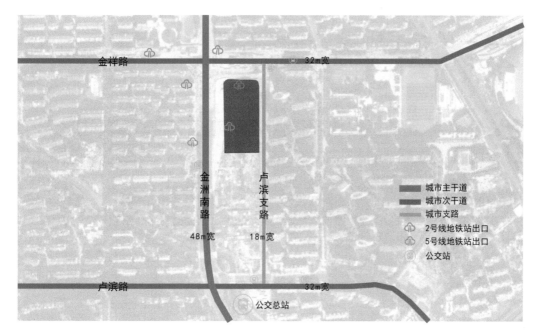

图 4-38 福州榕心映月项目交通条件分析

在区域商业水平方面,2018 年仓山区整体呈现供不应求的态势,新增供应 7.8 万平
方米,去化 53.5 万平方米,去化活跃度居于福州市五区之首,但销售均价处于福州五区
最低,只有 23732 元/平方米(见表 4-3)。2018 上半年仓山区整体市场去化平缓,但在
8—10 月出现了一波去化高峰(表 4-4),仓山区市场库存 44.4 万平方米,去化周期 10
个月,去化速度加快,年成交均价波动明显(见表 4-5)。近年来区域受市场认可度高的
商铺呈两极分化,分为两类:一类为 30~70 平方米,或总价 150 万元以内的商铺;另一
类为 180 平方米以上,总价大于 550 万元的商铺(见表 4-6)。总的来看,区域市场去化
速度加快,整体销售价格较低,具有较大的发展机遇。

表 4-3 福州五区 2018 年商业物业供求情况

概况	鼓楼区	马尾区	台江区	晋安区	仓山区
供应面积/m²	10067	39630	8844	50641	77934
成交面积/m²	31043	100862	70921	117247	534773
成交均价/元·m²	45080	24736	48976	39523	23732

表 4-4 福州仓山区 2018 年商业物业量价走势

概况	2017年12月	2018年01月	2018年02月	2018年03月	2018年04月	2018年05月	2018年06月	2018年07月	2018年08月	2018年09月	2018年10月	2018年11月
供应面积/m²	15274	6462	0	1465	1169	0	0	41299	1048	0	622	10595
成交面积/m²	23871	4157	5058	2412	2468	4877	2137	16064	126830	262730	78025	6145
成交均价/元·m²	31720	32957	36534	37468	32625	26729	33180	20862	24309	22455	21968	33907

表 4-5　福州仓山区 2018 年商业物业库存走势

概况	2017年11月	2017年12月	2018年01月	2018年02月	2018年03月	2018年04月	2018年05月	2018年06月	2018年07月	2018年08月	2018年09月	2018年10月
库存量/万m²	90.4	89.6	89.8	89.3	89.2	89.0	88.6	88.4	91.0	78.4	52.2	44.4
去化周期/月	36	34	36	36	40	40	40	50	49	34	13	10

表 4-6　2012—2018 年金山区商业面积段对应总价段分析

区间	< 30m²	30~50m²	50~70m²	70~90m²	90~110m²	110~130m²	130~150m²	150~180m²	> 180m²
<150万元	0.71%	7.99%	3.56%	0.28%	0.14%	—	—	—	—
150万~200万元	0.14%	1.71%	4.00%	0.85%	0.28%	0.14%	—	0.14%	—
200万~250万元	—	0.85%	5.99%	3.71%	0.43%	—	0.28%	0.14%	0.14%
250万~300万元	—	0.14%	1.99%	1.29%	2.29%	0.85%	0.28%	—	0.14%
300万~350万元	—	0.14%	0.28%	1.57%	1.71%	0.87%	1.42%	0.14%	—
350万~400万元	—	—	0.57%	1.71%	1.57%	1.57%	0.70%	1.00%	—
400万~450万元	—	—	0.57%	0.28%	0.85%	1.14%	0.58%	0.57%	0.71%
450万~500万元	—	0.14%	1.28%	0.14%	0.71%	0.71%	1.00%	0.43%	1.00%
500万~550万元	—	—	0.28%	1.14%	0.14%	1.14%	0.44%	1.14%	1.28%
>550万元	—	—	0.43%	1.99%	0.57%	0.28%	1.57%	1.14%	26.64%

（2）周边配套

项目周边商业、教育、医疗、休闲等配套较为齐全。商业配套方面，项目地块位于金山大道与浦上大道双轴线中央，项目 1.5 千米范围内区域型商业体量较大，分布了仓山万达、爱琴海购物公园、融侨里、榕城广场、乐都汇等区域型商圈，邻里型商业包括融侨里、大润发等，邻里型商业业态主题化特征较为明显，社区底商相对供需平衡，总体上可满足大多数居民购物需求（见图 4-39）。教育配套方面，周边配套教育设施分布相对集中，在项目地块 1 千米范围内就分布有金山幼儿园、金山小学、金山中学等多所学校，区域周边还配套有福建省立医院、文体中心、江滨公园、金山公园等医疗、文化和休闲设施，整体区域资源配置较为完善（见图 4-40）。

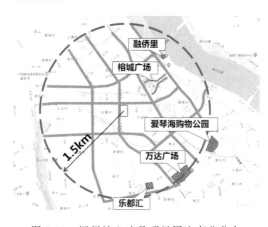

图 4-39　福州榕心映月项目周边商业分布

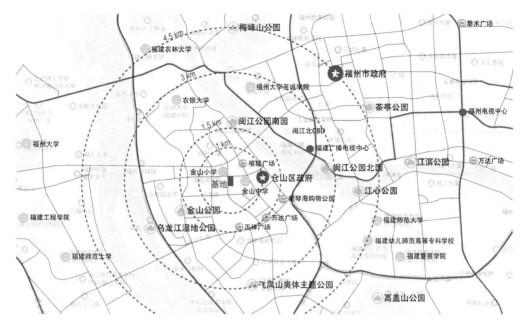

图 4-40 福州榕心映月项目周边配套设施整体分布

（3）项目地块

项目地块西邻金洲南路、北邻金祥路、东邻卢滨支路（见图 4-41），其中金洲南路和金祥路为城市主次干道，作为主要车流、人流来向，因此成为重要城市展示面，具有极大

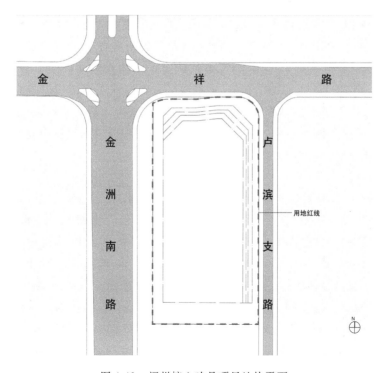

图 4-41 福州榕心映月项目地块平面

的商业价值;卢滨支路为城市支路,是机动车出入口方位,为次要展示面。地块的总用地面积为21133.9平方米,规划控制容积率为3.96,建筑密度不高于40%。

4.3.2　商业定位

(1)客群分析

根据城市等级划分,福州属于二线城市。根据二线城市一般消费规律来看,品牌餐饮、小吃快餐、健身阅读、快时尚品牌、儿童教育等需求更受关注。通过对线上消费的观察,福州整体消费者的年龄梯度明显,年轻一代喜欢美食但是更倾向于便捷类消费。因此,根据福州客群的消费画像,得到消费特征关键词为餐饮休闲多元化、品牌驱动、儿童消费。对于该项目来说,商业目标客群主要来自三类人群。

①园区业主客群:主要指项目地块周边居住客群,这类人群家庭结构较为年轻化,生活状态主要围绕工作、娱乐及儿童展开。因此他们对生活服务、餐饮零售有一定要求,注重品牌餐饮、特色餐厅、轻奢消费以及健康业态,同时关注儿童全方位成长,需要儿童教育、兴趣培养等功能配套,总体来看这类人群注重追求品质生活服务型消费。

②商务办公客群:主要由项目未来引入的商务办公人员组成,这类人群以年轻白领为主,收入水平较高,消费能力也较强。他们对环境品质有一定追求,在周边生活消费方面有较高的依赖度,注重便利消费、商务会餐、小型品质餐饮等业态,对休闲社交业态的需求较大。整体来看,这类人群最为向往以餐饮为主导的多元品质化消费。

③地铁通勤客群:主要指轨道交通带来的通勤上班人流,伴随区域交通系统的完善,依托双地铁换乘带来的大量穿梭型通勤客流,这类人群追求便利型快消费,同时对特色餐饮、休闲、文化体验业态有一定需求。整体来看这类人群最为注重的是短频快的便利型消费。

总的来说,从目标客群来看,综合考虑地铁＋公交站点带动的强交通客流,以及地铁上盖区办公SOHO引入的稳定客流,项目客群正由地铁通勤消费阶段转向商圈生活消费阶段,未来将向城市社交消费阶段迈进。对于城市社交消费阶段来说,需要依托轨道交通打造形成包含地下空间、地铁上盖TOD综合空间以及周边城市复合空间的有机整体,构建激活地区城市活力的小引擎。

(2)项目定位

该项目具有双地铁接驳换乘、紧邻公交场站的特征,交通优势明显,人流聚集效应显著。不仅需要满足地铁通勤人流对快潮流、快消费、快食尚的"快"追求,还需要为商务办公与周边居住客群提供放松、体验、社交的"慢"需求。因此,在定位上需要充分利用TOD综合开发的优势,将地下商业的便捷式核心业态,与地上景观生态、休闲娱乐、文化教育、创智邻里等核心业态相叠加,将生态融入都市社区,将人文融入现代建筑,将社交融入生活场景,营造都市立体绿意花园,打造成为当代年轻生活新体验街区。

空间上依托地铁车辆段打造"三明治模式"的城市垂直生态空间,实现地上、地下一体化,通过打造竖向退台景观商业和室内外自然绿植生态系统,营造舒适的高品质空间。品牌上定制"最懂福州人"的业态品牌,引入"多元化品质餐"和"都市时尚品牌饮"

驱动客流,打造国际化高品质办公体验,并关注一站式儿童成长需求。运用"共建共创
共享"的运营理念,打造室内外邻里互动空间,提供商品外的多元贴心服务,实现线上线
下的无界交流。整体上围绕项目最大的特征——地铁上盖＋公交总站,打造集"穿梭市
集、都市游园、智创邻里"为一体的更符合现代人需求的新型复合空间(见图 4-42)。

图 4-42　福州榕心映月项目总体定位示意

4.3.3　规划设计

(1)总体规划

福州榕心映月项目用地类型为商务、商业、公共交通场站、教育、居住和绿化组成的混
合用地,其中地铁出入口位于商业开发地块,总体布局合理。项目规划商业开发建设总量
为 2.35 万平方米(包括 1 万平方米的政府回购面积);酒店开发建设总量为 1.45 万平方
米;商务开发建设总量为 1.29 万平方米;住宅开发建设总量为 2.60 万平方米;公交开发建设
总量为 0.68 万平方米(见图 4-43)(注:在撰写过程中,本项目采用相关资料时间为 2019 年)。

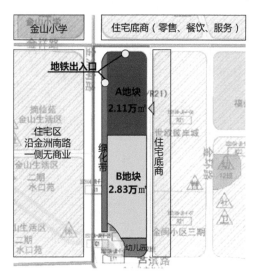

图 4-43　福州榕心映月项目用地规划

　　A 地块功能以商业为主辅以住宅、公交车站、商务办公等多种功能,是典型的 TOD 商业综合开发。A 地块开发总建筑面积为 118436.1 平方米,容积率为 3.98,建筑密度为 39.21%。其中,住宅建筑面积为 25956 平方米(共 252 户)、公交车站及办公用房面积为 6871 平方米、商务办公面积为 13716 平方米、物业管理用房面积为 450 平方米。而商业建筑面积为 36879.08 平方米,包含 14641 平方米的酒店、11596 平方米的可售商业和 10642.08 平方米的回购商业(见图 4-44)。

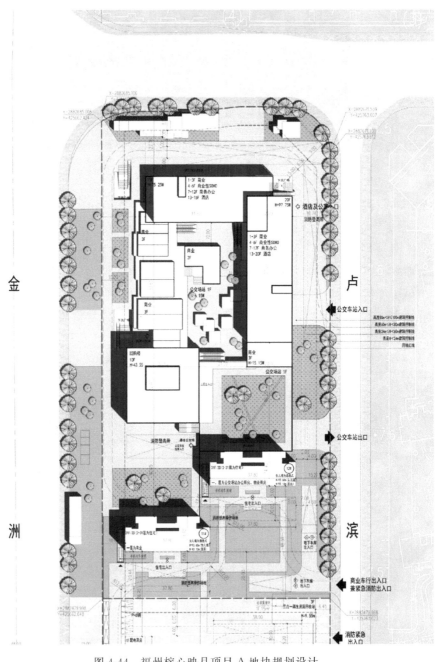

图 4-44　福州榕心映月项目 A 地块规划设计

（2）空间价值提升策略

通过对地铁、公交人流方向，周边消费人群分布情况，广场空间，商业展示面的分析，将商业项目空间分为办公酒店、回购楼（商业）、商业性 SOHO、1—2 层商业、地铁商业和公交场站等六类不同价值类型的商业空间（见图 4-45）。

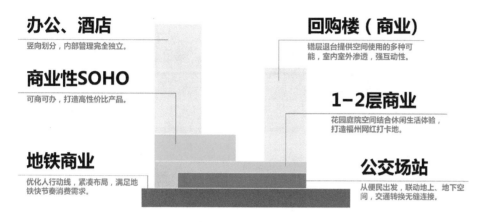

图 4-45　福州榕心映月项目商业空间价值分类

①地下商业：地下商业分为地铁商业和公交场站。其中地铁商业要求优化人行动线，紧凑布局，满足地铁快节奏消费需求；公交场站要求从便民的角度出发，联动地上、地下空间，交通转换无缝连接。

在平面布局上，建议打破地铁人流的单一动线，弧形流线结合小型节点空间，为后期活动展览提供可能。改变单一小铺，增加低价值区域大面积商铺划分，为大型主力业态提供物业条件（见图 4-46）。在垂直设计上，地下地铁人流与地上公交人流接轨，增加出入口个数，提升周边商铺价值，有效引导地铁人流，带动上部商业价值（见图 4-47）。

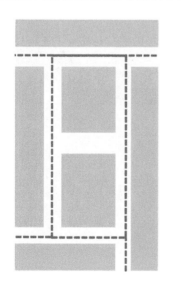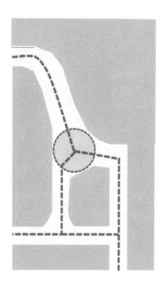

图 4-46　地下商业空间平面提升策略示意

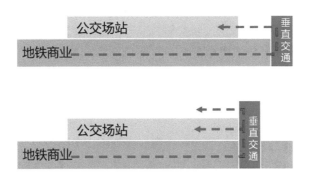

图 4-47　地下商业空间竖向提升策略示意

②上盖商业：上盖商业主要为商业性 SOHO 和 1—2 层商业。商业 SOHO 可商可办，打造高性价比产品；1—2 层商业以花园庭院空间结合休闲生活体验，打造福州网红打卡地。在上盖空间中置入入口空间和内庭院空间设计，使得上盖空间层次分明、体验丰富。入口大台阶设计，增加商业昭示性，同时结合福州特有的人文气质，带动人流向上聚集。公交场站上盖花园庭院空间结合商业退台设计，呈现现代福州绿意生活，打造网红打卡地，带动周边商业价值（见图 4-48）。

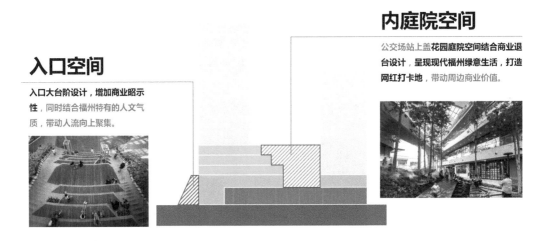

图 4-48　上盖商业空间价值提升策略示意

③回购楼商业：回购楼商业的错层退台提供空间使用的多种可能，使得室内室外渗透，互动性强。回购楼商业设计有堆叠式退台和内置创意空间。堆叠式退台是指每个楼层间相互错落重叠产生的灰空间，成为户外聚会、分享、工作的理想场所。创意空间是指楼层之间预留户内的可变挑空空间（见图 4-49）。

图 4-49　回购楼商业空间价值提升策略示意

4.3.4　招商运营

（1）业态落位

①上盖商业：项目上盖商业打造以休闲体验、品质餐饮为主的都市游园主题。上盖商业总面积为 3411 平方米，其中休闲生活占比为 35%、餐饮美食占比为 60%、精品零售占比为 5%（见图 4-50）。

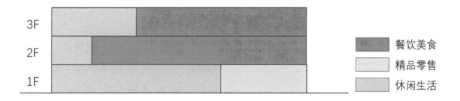

图 4-50　业态落位剖面示意

上盖一层商业配有休闲生活和精品零售两种业态。休闲生活引入星巴克等休闲咖啡品牌，同时提供以美容美发、养肤 SPA 为主的生活服务；精品零售引入新零售集合店、母婴零售、花艺、茶具等业种。

上盖二层商业是以餐饮美食、休闲生活为主题的两种业态。其中餐饮美食引入异国风味餐厅、日料韩食、东南亚美食、四川特色料理、火锅和中式主题餐厅。同时设有特色西式餐饮、清吧、甜点、奶茶等，休闲生活引入宠物美容、美发造型业种。

上盖三层商业为以休闲生活和餐饮美食为主题的业态。休闲生活以儿童教育为主,引入儿童艺术培训和儿童智力开发。

②回购商业:回购商业打造以儿童教育和智创办公为主题的智创邻里空间。回购商业总面积为9447平方米,其中儿童教育占比为45%、健康运动占比为10%、智创办公占比为45%。

回购商业设有儿童教育、健康和办公三种业态。儿童教育安排在4～6层,规划面积为3150平方米,设有学科培训、语言培训、升级培训、音乐教育、书法绘画培训、艺术感启蒙细分业种。健康安排于7层,规划面积为1050平方米,设有牙科诊所、健康管理、运动专教,提供定制化医美项目,如护肤管理、形象设计、身材管理。办公设置于8—11层,规划面积为4200平方米,引入创意办公空间 WEWORK,为小微企业提供创意、开放、国际化的办公空间(见图4-51)。

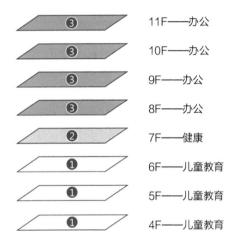

图 4-51　回购商业业态规划

(2)招商推广

福州地铁当前仅有1号线在运营,在沿线商业开发不成熟的背景下,该案作为2号线与5号线换乘站点所在的地铁商业,具有较好的商业价值和先机优势。时间上,1号线将是福州第二条地铁线,作为地铁建设前期,在招商推广的过程中可占据时间先机;线路上,2号线经福州核心区,并于南门兜重要站点换乘,需要把握交通带来的大量客群。商业项目的经营性收入由租金收入和押金及利息收入组成,其中租金收入由地下租金和可售商业租金组成(其中第一年租金收入按实际收入的50%计算),押金及利息收入由押金收入和利息收入组成(押金按3个月计)。

4.4 西安某车辆段项目

4.4.1 项目概况

（1）区域分析

西安是中国西北地区重要的中心城市。2017 年西安 GDP 总值为 469.85 亿元,常住人口为 1200 万,为新一线城市;2017 年西安市居民人均可支配收入为 32597 元,其中灞桥区全体居民人均可支配收入为 38859 元。

板块区位上,该项目所处的灞桥区作为西安市的老工业园区,坐拥西安经济转型发展的国际港区和西安浐灞生态。浐灞生态属于国家级生态,国际港务区是西安首个国家级内陆港。该项目位于国际港务区,与浐灞生态区相邻（见图 4-52）。项目处于的国际港务区核心区,以制造业、物流产业为发展方向。交通区位上,项目紧邻京昆高速、地铁 14 号线,交通逐渐完善,形成了"高速＋轨道＋快速路"的三级公共交通体系（见图 4-53）。项目周边区域交通便利,区位优势明显。

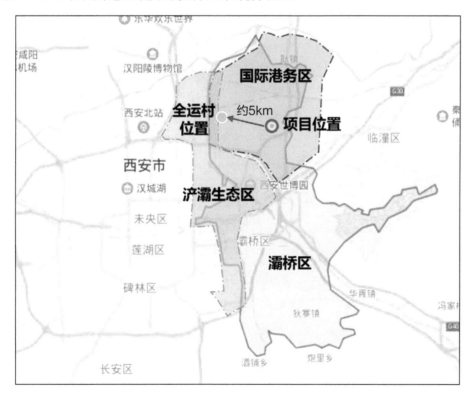

图 4-52　西安某车辆段项目区域区位分析

图 4-53　西安某车辆段项目交通条件分析

　　商圈分布上,西安的九大核心商圈基本沿地铁线分布,以钟楼商圈、小寨商圈等传统商圈为主,经开商圈、三桥商圈等新兴商圈逐渐向外围发展。根据西安市最新的《西安市商圈建设三年行动方案(2018—2020)》规划,该项目周边区域及地铁十四号线沿线包括华南城商圈、世博园商圈、陆港自贸商圈、北客站商圈(见图 4-54)。项目周边 3 千米的商业处于起步阶段,基本以专业市场、住宅配套为主,仅满足基本需求,缺乏品质型消费(见表 4-7)。

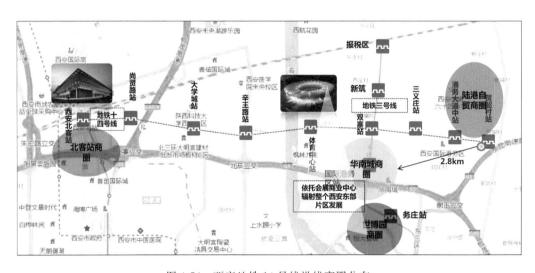

图 4-54　西安地铁 14 号线沿线商圈分布

表 4-7 西安某车辆段项目周边商圈特征总结

商圈名称	所属区县	区域范围	目标定位	综合体项目	地铁站点
世博园商圈	浐灞生态区	以西安世博园为中心,辐射周边	建成集会议、休闲娱乐、艺术创意、婚庆产业、水上运动、购物餐饮等游、购、娱业态为一体的旅游度假商圈	砂之船奥特莱斯(2017 年 9 月开业)西安游客服务中心 2018 年 9 月开业园林酒店 2018 年建成	务庄站
华南城商圈	国际港务区	东抵港务大道,南接北三环路,西临杏渭路,北至向东路	打造集商业综合体、专业市场,涵盖批发、零售的综合性商贸中心	"1668 新时代广场"2019 年底竣工	国际港务区站
陆港自贸商圈	国际港务区	东抵纺渭路,南接港务南路,西临港务大道,北至郑西高铁线	打造以进口品牌商品的展示交易及电子商业为特色的商业中心	—	贺韶村站
北客站商圈	未央区	南起北三环,北至北客站北广场周边,东临西铜路,西接朱宏路	集商住、总部、金融、购物、餐饮、酒店于一体的综合性现代服务业平台,打造西安新的城市商业中心	西安铁路北客站(西广场 2018 年底完工;东广场 2018 年底前开工)本部网络批发中心(2018 年底前完成一期主体建设。二期开工)	西安北站

(2)周边配套

交通方面,该项目位于地铁 14 号线终点站,出行便利,TOD 项目轨道交通优势明显。商业配套方面,周边 3 千米商业配套处于起步阶段,品质型社区商业及综合商业缺失。区域层面的商业规划层次明确,但目前待完善:1~3 千米范围商业等级较低;3~6千米建成两座区域级购物中心,一座创意街区已开工建设;6~10 千米规划有 2 个城市级商圈,2020 年建成(见图 4-55)。教育资源方面,区域学校虽多,但项目周边学校品质一般:已建成学校仅陆港国际一小、二小品质较好,其余均为村办学校,区域规划全运村小学和全运村中学(见图 4-56)。医疗资源方面,项目周边具备优质医疗配套资源:1 千米范围有交大一附院国际陆港门诊部,2015 年 3 月已建成运营,诊疗能力等同三级甲等医院门诊部。同时,港区 2020 年建成一座三级甲等医院(交大一附院国际陆港医院)(见图 4-57)。

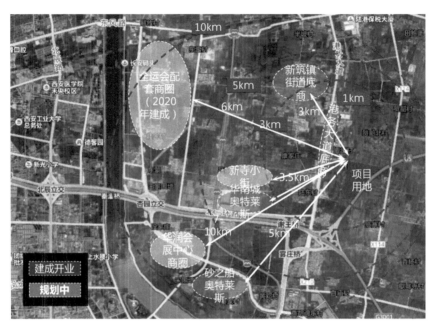

图 4-55　西安某车辆段项目周边商业配套分布

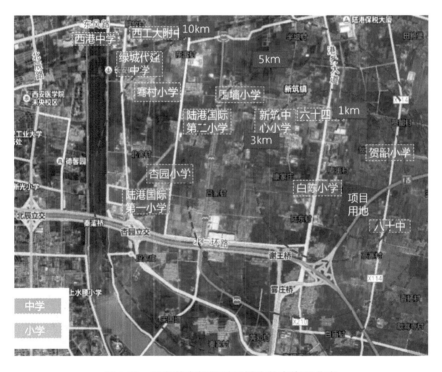

图 4-56　西安某车辆段项目周边教育资源分布

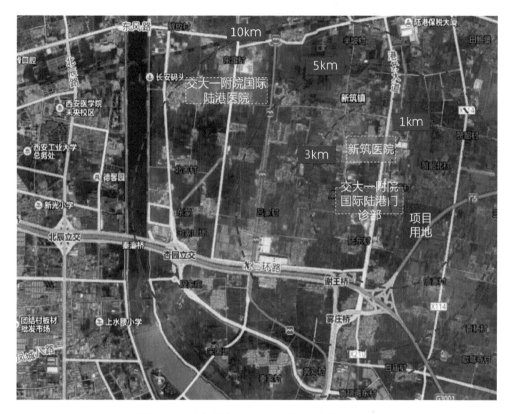

图 4-57 西安某车辆段项目周边医疗资源分布

(3)竞品情况

区域内商业以小镇中心商业(新筑镇商业和专业市场)华南城为主,与该项目可对标性不强,故选取区域内 8 千米范围内的社区、办公楼底商作为对标项目进行定价(见图 4-58、表 4-8)。浐灞生态区、国际港务区在售商业整体体量为 146.3 万平方米,销售面积为 120～240 平方米。2019 年,该项目一层整体价格为 1.5 万～3.2 万元/

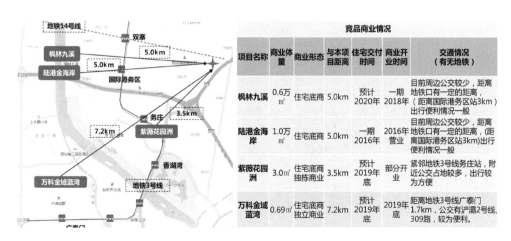

图 4-58 竞品项目 2019 年商业情况

平方米,一拖二均价为1万～2.3万元/平方米,商业租金一层每月80～140元/平方米,一拖二每月60～100元/平方米。

表4-8　竞品项目2019年商业租售情况一览

		区域内商业租售情况			
项目名称	商铺面积段/m²	楼层租金/(元·月⁻¹·m²)	位置租金情况/(元·月⁻¹·m²)	楼层售价/(万元/m²)	位置售价情况/(万元/m²)
枫林九溪	147～188	一层:100～110 一拖二:80～100	小区大门口租金:100～110 非临街租金:80～100	一层:2.1～2.2 一拖二:1.8	小区大门口2.2 非临街1.8～1.9
陆港金海岸	120	一层:80～120 一拖二:60～70	外街:100～120 内街:70～80	一层:1.5 一拖二:1～1.2	纯一层小区大门口:1.5 纯一层非临街:1.2 一拖二非临街:1～1.1
紫薇花园洲	120	一拖二:60	临街:60 非临街:40～50	一拖二:2.2～2.3	2.2～2.3
万科金域蓝湾	45～238	社区底商一层:140	临街:一层130,二层80	住宅底商:一层为1.8～2.3	小区大门口的位置:3.5
		商业街:一层130,二层60～80	商业街内部:一层110～120,二层60～70	独立商业:一层为2.8～3.2,二层为1.4～1.5	

(4)项目地块

该项目总用地面积为0.43平方千米。用地分为地铁上盖区、白地区、咽喉区,其中上盖区比白地区高15米,咽喉区比白地区高10.50米(见图4-59)。项目地块之间高差

图4-59　西安某车辆段项目地块总平面

较大,车辆段沿街界面过长,商业核心聚集效应偏弱,商业氛围不易形成。

4.4.2 商业定位

(1)客群分析

商业购物中心客群主要来自三类人群。

①园区业主客群:此类客群来自项目本身,业主渴望便利的生活,下楼就有蔬菜超市,可体验现代生活,成为"远郊都市人"。园区业主客群当前以追求年轻一族自身个性化、品质化生活方式为主,逐渐向关注儿童教育成长,自身事业提升发展,以及老年人精神生活与健康管理等全家庭化、全龄段需求的生活方式转变。从单身到新婚家庭再到三代同堂的有孩家庭,有着不同的需求。单身人士是都市新兴白领,希望个性生活方式;新婚家庭享受二人世界,处于黄金事业打拼期,关注品质生活和事业打拼;有孩家庭关注儿童成长教育和老人颐养,更希望配套儿童教育和全家管理。

②周边亲子客群:此类客群来自幼儿园及小学。顾客更加关注儿童教育、儿童成长、亲子互动,渴望户外安全的游乐休闲空间。亲子客群消费有着消费场景化、模式综合化、需求多元化的消费趋势。其中,儿童游乐的场景化需求突出,不止局限在商家室内,更渴望趣味户外空间的延伸。模式综合化打破传统单一服务体系,从传统的教育向"儿童游乐、儿童教育、亲子趣味体验"等服务转型。跨年龄层需求多元化则综合考虑成人业主学习成长,家长(女性)等候时的休闲消费需求,满足消费需求。

③周边办公客群:此类客群来自地铁交通及周边产业办公区。地铁客群要求便利、外带型餐饮和休闲消费,而办公客群关注来自陆港金融小镇、港务区,关注现代品质商业服务。周边办公客群崇尚年轻态,向往品质多元、现代体验的都市新生活。其中,产业客群是城市客群的代表,同时也是地铁的主要客群,年龄主要分布在 26～30 岁。他们主要分布在金融、物流服务、电子贸易领域,更关注品质餐饮、休闲生活及便利购物等业态。其收入水平高于平均水平,消费能力较强。

(2)项目定位

根据《社区生活圈的规划实施途径研究》和《社区生活圈设施配置标准》对不同类型的商业设施布局提出人性化设计的基本要求。对于品质提升型设施来说,包括购物中心、教育机构、医疗机构、体育中心、文化活动中心、养老设施、家政服务等,这类设施对步行距离要求不高,可设置 15 分钟左右、距离 1～3 千米的路程;基本保障型设施包括菜市场、便利店、蔬果店、药房、社区卫生服务站、室内外健身点、棋牌室等,这类设施对步行距离较为敏感,应设置为 0.5～0.8 千米、5～10 分钟的路程。

综合三类客群对重点业态的需求及步行距离的接受程度,将项目定位整合为三大板块,即郊区业主渴望的便利社区生活、三口之家关注的儿童成长,同时挖掘年轻消费客群对都市生活体验的潜在需求。便利社区版块针对郊区业主,打造步行 10 分钟以内的日常品质生活,设置有菜场、便利店、理发、早餐店等邻里社交设施;儿童成长版块针对亲子客群,打造步行 15 分钟以内的美好成长空间,设置有儿童托管、教育成长、亲子休闲等游乐互动空间;都市生活版块针对年轻消费客群,打造步行 15 分钟以上的品质社交体验,包括 O2O 新零售、音乐科技和运动零售等业态(见图 4-60)。综合来看,项目商业致力于打造具有科技感、邻里感、体验感的现代都市空间,且通过分级商业配置法和商住比推算法推算该项目为中间型社区商业,适宜的商业建筑面积为 1.75 万~2.56 万平方米。

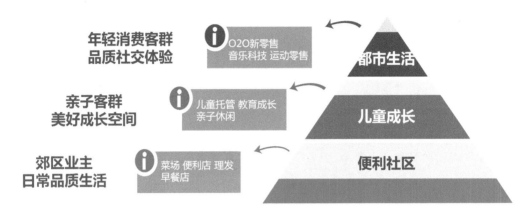

图 4-60　西安某车辆段项目商业定位三大层级示意

4.4.3　规划设计

(1)总体规划

该项目规划控制地上总建筑面积为 67 万平方米,控制高度为 50 米,容积率为 1.83,预估居住户数为 5688 户。项目规划商业配套总量约为 2.5 万平方米,其中商业面积 1.87 万平方米,配套面积约为 0.645 万平方米(见图 4-61)。整体规划结构为"一轴三心"(见图 4-62):"一轴"即由立体商业街、景观构成的全长共 813 米的商业景观轴(见图 4-63);"三心"即位于轴线端点与中点、连接各个功能组团的商业景观节点。其中商业主题 YOUNG 街将由交付时的一站式生活服务社交空间,向主题化多元体验空间演变,打造人本社交体验的都市活动、快乐缤纷童趣的亲子互动和友善社区共享的共享社区三重空间(注:在撰写过程中,本项目采用相关资料时间为 2019 年)。

图 4-61 西安某车辆段项目设计总体平面

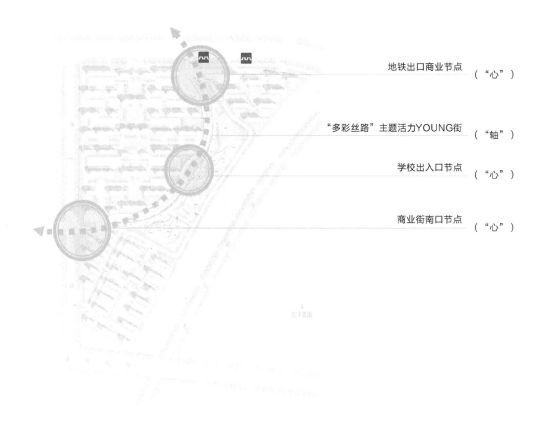

地铁出口商业节点 （"心"）

"多彩丝路"主题活力YOUNG街 （"轴"）

学校出入口节点 （"心"）

商业街南口节点 （"心"）

图 4-62　西安某车辆段项目商业空间"一轴三心"规划结构

图 4-63　西安某车辆段项目商业轴线鸟瞰

（2）空间布局

项目商业配套以 YOUNG 街和沿街空间为载体，分为生活体验空间、缤彩童趣空间和社区共享空间（见图 4-64）。

①生活体验空间（面积占比为 40%～50%）：生活体验空间联动地铁口人流聚集区，打造集合品质餐饮、新零售体验为一体的活力消费空间。生活体验空间中应用智能生活、科技互动提高生活的便利性；应用音乐体验、生活方式体验宣传年轻时尚的生活方式；以本地美食、快食文化打造片区独特的餐饮特色。

②缤彩童趣空间（面积占比为 30%～40%）：缤彩童趣空间联动周边学校等教育资源，打造集儿童教育成长、才艺培训、互动社交为一体的儿童成长街区。缤彩童趣空间中以职业体验、亲子互动培育符合家长、儿童的一体化空间；提供儿童教辅、全龄成长的教育配套机构和服务；通过才艺秀场、舞台展示为儿童的成长提供活动空间。

③社区共享空间（面积占比为 20%～30%）：社区共享空间关注居民品质、便利生活，更关注邻里社交与温情互动，打造共享社区与无界邻里空间。社区共享空间中生鲜超市、即食文化是邻里交往的日常场景；共享社区、社群文化的培育为社区的内核凝聚、自我组织提供场所；临时生活馆选址、后期做社区配套既是楼盘销售美好生活的展示平台也是未来社区公共服务的核心。

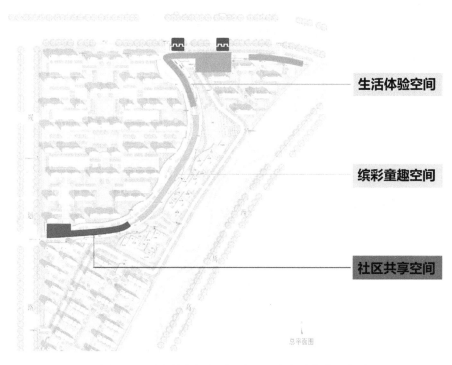

图 4-64　西安某车辆段项目商业配套的功能分区布局

（3）节点设计

①YOUNG街总体设计：YOUNG街总体商业面积约为1.2万平方米。YOUNG街弧线的景观轴线，对人流具有较强的引导效应。设计采用了流线型的设计语言，也符合商业空间活泼、动感、灵活的整体风格（见图4-65）。

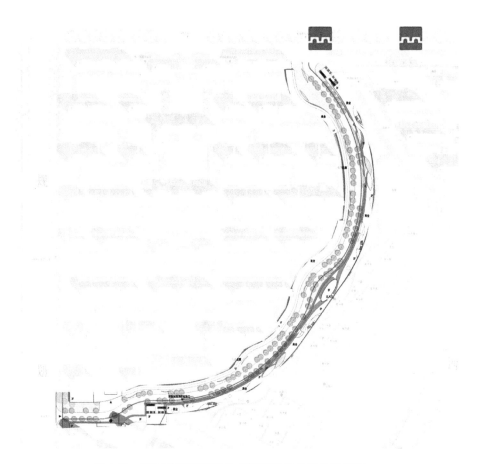

图4-65　西安某车辆段项目YOUNG街总体设计平面

②出入口节点：出入口节点由北面主入口节点（集中盒子＋双侧商业街，商业面积合计为0.6万～0.8万平方米）、小学出入口节点（住宅一层底商，结合下挂一二层商业，商业面积为0.5万～0.7平方米）和西南面主入口节点（两侧一层沿街商业，形成商业氛围，合计商业面积为0.2万～0.4万平方米）组成（见图4-66）。其中北面主入口节点对接地铁出入口，采用了立体化交通解决方案，引导性较强（见图4-67）。小学出入口节点应用多种绿植为学校与商业功能上的分隔提供便利（见图4-68）。西南面主入口节点与北面主入口节点相似，为人流引入商业空间提供空间上的引导（见图4-69）。

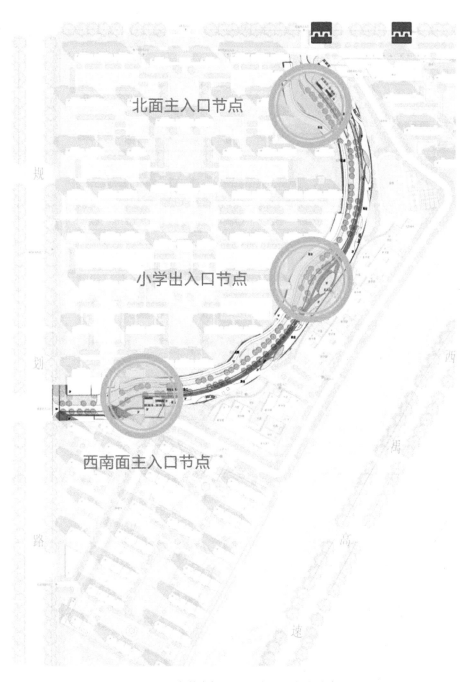

图 4-66　西安某车辆段项目出入口节点分布

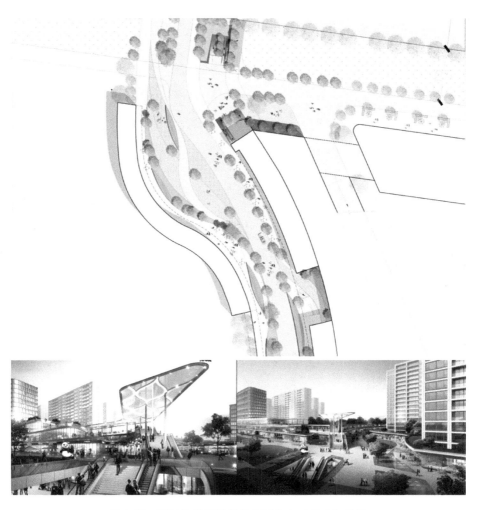

图 4-67　西安某车辆段项目北面主入口节点与效果

图 4-68　西安某车辆段项目小学出入口节点效果

图 4-69　西安某车辆段项目西南面主入口节点效果

　　③垂直交通节点：垂直交通节点是该项目商业空间的一大特色。垂直交通节点设置于三大出入口节点之间(见图 4-70)，以竖向空间的变化提高商业空间的趣味性(见图 4-71)。不仅如此，该项目还通过丰富的曲线设计结合绿化塑造富有吸引力的商业空间。

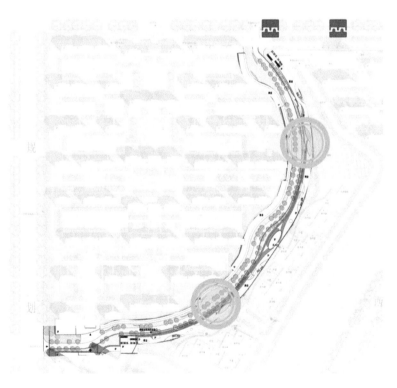

图 4-70　西安某车辆段项目垂直交通节点分布

图 4-71　西安某车辆段项目垂直交通节点效果

4.4.4　招商运营

通过对街区路口、商业形态、人流方向、商业展示面的分析,结合周边消费人群分布的情况,以及商铺划分面积区间,综合考虑可将业态落位划分为三级商铺价值梯度(见图 4-72)。

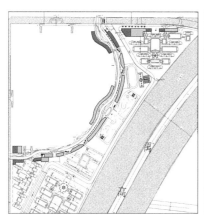

区块	价值梯度	空间区位	楼层	适宜业态
	第一价值面	地块出入口地铁站点附近	一层	品牌主力店
		学习、小区出入口附近	一层	承租能力较高的业态,如零售、生活配套
	第二价值面	沿街商业	一层	承租能力一般的业态,如餐饮、休闲、生活配套
		YOUNG轴核心区商业	一层	
	第三价值面	沿街商业	二层	承租能力较差、场地要求较大、目的性消费业态,如健康、教育、休闲
		YOUNG轴非核心区商业	二层	

图 4-72　西安某车辆段项目不同价值梯度商铺的业态规划

(1)生活体验空间

将生活体验空间规划于地铁口,利用标识性强、人流量大的特点,落位品牌主力店及零售、餐饮、生活配套等业态。引入当地老字号美食、现代潮流音乐品牌等,将餐饮美食、休闲生活、品质零售相结合,运动健身与户外空间相结合,增强消费空间体验感,打造创新的一体式休闲运动社交空间,成为青年潮人的打卡圣地。

(2)缤彩童趣空间

将缤彩童趣空间规划于街区中段,该空间相对内向,商业氛围较好,可联动周边规划小学、中学教学资源,落位儿童教育、儿童体验等业态,关注儿童的全方位成长。空间氛围营造以儿童户外活动为延伸,设置强标识性的卡通人物雕塑与儿童互动装置等,让童趣空间成为周边 3 千米家庭最爱的聚集地。

(3)社区共享空间

将社区共享空间规划于南端单侧商业街,以社区共享为核心,结合休闲、健康等目的消费型业态,满足一站式日常生活需求,打造项目社区生活核心,创造全龄段学习交流、休闲娱乐互动空间。通过通透的玻璃立面、温馨的节庆氛围及智能的人性化服务,打造社区共享空间温馨舒适的家人生活街区。

5 地铁车辆段TOD上盖商业运营指引

5.1   消费需求与商家运营趋势

5.1.1   消费需求趋势

随着我国城市化进程的加快,经济水平不断提高,消费对经济的拉动作用进一步增强,消费规模扩大、消费贡献提升、消费结构升级等趋势愈发凸显,消费的基础性作用越来越重要。中国消费趋势主要有以下特征。

(1)消费需求提升,消费结构升级

改革开放以来,我国经济水平正处于高速发展期,人民生活水平大幅提升,城市发展迅速。对于三、四线及以下城市地区来说,人口已经出现回流现象,经济发展随着人口规模的增长迎来了新的发展机会,消费需求不断提升,正处于下线市场红利期。而随着城市化进程的加快,我国一、二线城市发展迅猛,城市中产阶级不断增加,消费者的消费需求随之发生深刻变化,消费升级的趋势显著。整体来看,消费需求逐步从"温饱型"向"品质型"跃升,人们的消费需求不再仅限于满足基本生活需要,而是更加关注生活质量的提升,更加注重商品和服务质量,以及消费体验和精神追求,消费观念的变迁使得"品质消费"成为消费新需求。

(2)家庭规模小型化,全民消费时代到来

我国当今社会的人口结构正发生着显著变化,出生率下降,社会逐渐进入老龄化周期,人口代际缺口增大,家庭规模小型化的小家趋势特征明显。反映在消费上,大多数家庭按照"按日补货、少量采购"的模式进行采购,专注于小型化家庭服务的便利店和社区类业态商业需求上升。消费也不再局限于某些群体,全民消费时代正在到来,除了共同消费的日常必需品领域外,对于少年儿童、老人、主妇等不同群体来说,每个群体都有自己偏好的消费领域和消费品类,"投其所好"成为在市场竞争日益激烈的今天能够脱颖而出的关键所在。

(3)经济进入新常态,多元个性消费提升

随着生活节奏的加快,经济水平和人均收入的提升,在消费拉动经济的作用显著增强的情况下,我国经济进入了新常态阶段。当下,人民群众对消费提出了新的需求,新消费逐渐成为主流,以传统消费提质升级、新兴消费蓬勃兴起为主要内容的消费时代已经到来。消费者尝试购买中小品牌以及自有品牌意愿增加,非计划、非目的性的购物需求提升,品质化、多元化、个性化消费成为消费者在物质形态和服务模式中的新符号。与此同时,随着文化自信、民族自信观念的崛起,消费者在更多品类上日益选择国产品牌,品牌民族主义热度不断上升。多元个性化和品牌民族化的趋势相互交织,催动市场的不断创新与更迭。

5.1.2　商家运营趋势

当今中国的消费发展趋势主要表现在下线市场发展红利期、消费结构升级、家庭规模小型化、需求个性多元化和品牌民族化等相互交织,随着"新消费"在新时代应运而生,消费者的重要性显著提升,催动市场不断创新与更迭。想要更好发展,市场就必须以这些因素为前提,为消费者提供更优质的产品与服务,消费需求的变化促使商家运营必然需要进行一定的转型。

在未来的商业环境中,品牌商与零售商针对"人"的运营能力的加强迫在眉睫,商家趋势正由渠道导向型向消费者导向型转变。渠道导向型商业主张有什么货就卖什么,遵循品牌供货商—供应渠道—消费者的路径。价值定位上依托上游,目的是促进渠道商品流通,实现上游价值最大化。业务模式是建立在渠道滞销的前提下,以联营为主代销折扣商品,核心能力在于供应商的管理能力。消费者导向型商业则主张消费者需要什么就卖什么,遵循消费者—供应渠道—品牌供货商的路径。价值定位以下游消费者为导向,目标追求客户价值的最大化。业务模式是建立在市场洞察的基础上,根据消费者需求精准规划商品结构,核心能力在于消费者的洞察能力与商品规划能力。总的来说,渠道导向型的商业缺少对消费者的洞察,整体较为粗放;消费者导向型主张以采销为主,目的是实现消费者价值最大化。对于我国目前的消费趋势来说,消费者的重要性明显提升,向以消费者价值为导向的业务模式转型成为目前商家运营转型的总趋势。

5.2　总体定位与产品特质

5.2.1　产品目标与商圈选址

5.2.1.1　产品目标

产品目标是指通过对市场上诸多方面的比对,结合企业自身条件为自己的产品打造一定特色,并树立一定的市场形象,从而取得目标市场的竞争优势,吸引更多的目标客群。对于产品目标来说,需要明确的主要是产品主张和产品档次两方面。

（1）产品主张

产品主张是指公司在综合考量资管、成本、招商、工程、推广及运营等要素的基础上,通过其开发的产品和服务打造形成自身的品牌。在品牌价值的趋势引领和情感联结作用下,向消费者传达企业核心精神和价值观念,表明产品对消费者做出的承诺和立场,让消费者获得某种满足感和认同感。

当今社会各种新兴经济模式层出不穷,具有代表性的有共享经济、体验经济、网红效应等,车辆段上盖商业开发的价值主张主要体现在未来购物中心将更具人性化,与传统的商业空间不同,它将更加聚焦当代都市生活,将商业内容通过品牌价值的呈现传递给消费者,使得都市中的各类人群可以从中看到自我、找到自我并感受自我,实现趋势引领和情感联结的作用。这可以看作是遵循新常态下未来人居发展所打造的"第三空间",由生存到生活再到享受;由规律生活走向自我实现,再走向创造美好,这就是第三空间的价值和意义。

(2)产品档次

随着社会经济发展,人民生活水平的提高,消费者不再仅仅满足于日常生活所需,对理想生活和精神需求的追求不断提高。对于商业开发来说,在消费升级的大背景下,在产品档次上真正需要打造的不是奢侈的、令人高不可攀的品牌和产品,而是塑造产品的高场景感和高体验感,提高品牌在消费者心中的亲切感和认同感,从而与消费者之间建立起情感和价值的长效联结,满足消费者追求理想的生活需求。结合第三章相关内容,本书将轨道交通车辆段上盖空间商业开发的产品档次分为两种,分别为 3 万~5 万平方米社区型商业(见图 5-1)和 5 万~10 万平方米区域型商业(见图 5-2)。前者产品定位以中档亲民型为主,在立足家庭的日常生活消费的基础上,填补生活需求的空白;后者产品定位以中高档娱乐型为主,打造多功能、多主题、一站式的商业中心,构筑起集时尚购物、生活配套、餐饮娱乐的一站式消费场景。

图 5-1 3 万~5 万平方米社区型商业示意

图 5-2　5万~10万平方米区域型商业示意

5.2.1.2　商圈选址

商圈可以看作是以商业项目为中心,以一定的距离或步行或车程为半径划分出的不同大小的同心圆。商圈作为一个群体,具有多元化的层次,确定商圈需要考虑的内容是多方面的,影响因子主要包括消费群体、所在位置、商业目的、商业价值以及城市规划等。商圈的必要元素主要包括消费人群、商圈范围、商业形象以及商圈功能。

经过研究可将商圈辐射范围划分为核心商圈、次级商圈和边缘商圈,一般核心商圈辐射 50%~65% 的客源,次级商圈辐射 15%~25% 的客源。3 万~5 万平方米的社区型商业的核心商圈范围在 2 千米左右,步行时间不超过 5 分钟,次级商圈范围在 5 千米左右,步行时间不超过 10 分钟,边缘商圈范围在 6~8 千米;5 万~10 万平方米区域型商业的核心商圈范围在 3 千米左右,步行时间不超过 10 分钟,次级商圈范围在 4~6 千米以内,步行时间不超过 20 分钟,边缘商圈范围在 8~10 千米。社区型商业开发和区域型商业开发在商圈功能上也有所不同,前者的项目功能为居住和商业,视具体情况辅以少量商务功能;后者则除了基本的居住和商业功能之外,还会配备必要的商务功能。

以 3 万~5 万平方米的社区型商业项目的典型——杭州杨柳郡为例,项目位于杭州市艮北新城板块的核心区,是未来城市东扩的重要节点(见图 5-3)。艮北新城定位为年轻化、时尚化的"杭州活力新中心",现阶段 3 千米范围内有港龙城市商业广场、华润欢乐颂等超大型商业综合体,但商业总体量较有限,难以服务周边所有消费人群,且远距离辐射力有限。杭州杨柳郡好街的出现,填补了区域小型精品社区商业的空白。

图 5-3 杭州杨柳郡区位与辐射范围

以 5 万～10 万平方米的区域型商业项目的典型——上海七宝万科广场为例,项目位于七宝商圈,距离虹桥商务区商圈 4.5 千米,距离吴中路区级商圈 3.3 千米,距离九亭、莘庄区级商圈 9.5 千米。该商圈 3 千米内有 10 余个商业零售实体,其中包含 1 个购物中心、3 个现代化城市综合体,该项目消费平均可辐射距离达 10 千米,辐射人口规模很大(见图 5-4)。

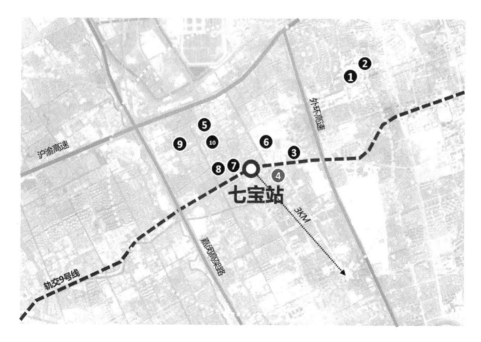

图 5-4 七宝万科广场商圈辐射范围

5.2.2 核心客群与初步定位

5.2.2.1 核心客群

现代城市商业是城市生活的重要组成部分,社区商业可以看作是为居民打造的最后2千米理想生活空间。地铁车辆段上盖开发的空间职能与社区商业职能相对应,在总体定位上需要对消费者进行精准描摹,从人群画像中对行为模式加以提炼,能够从中发现现代生活价值观,从而在认清商业角色的基础上营造生活场所,让城市居民可以放慢脚步享受社区生活。

(1)社区型商业开发的核心客群

对于3万~5万平方米的社区型商业开发项目来说,核心客群是全龄家庭结构的社区居民,旨在为周围拥有全龄家庭结构的社区居民提供一个亲近的生活、交流、互动、共享场所,服务对象主要包括年轻家庭、社区居民和办公人群。以杭州杨柳郡项目作为典型进行分析,商业中心辐射范围内的年轻有孩家庭占比约1/3,且未来几年有孩家庭将会飞速增加。对这类人群来说,他们对社交和新鲜感有一定的需求,尤其期待一站式、互动性的亲子业态;社区居民群体主要指商业空间步行15分钟范围内的中青年住宅人群,他们追求高便利度、强功能性消费,更希望在家门口享受到高品质服务和性价比产品;办公人群指3.5千米范围内的白领人群,对他们来说需要的是停车便捷、轻松、有品质的商务洽谈空间。

(2)区域型商业开发的核心客群

对于5万~10万平方米的区域型商业开发项目来说,核心客群是20~45岁的中产新贵人群,这类人群享受品质慢生活,乐于亲近自然环境,喜欢新鲜事物,追求时尚的现代生活。以对标案例闵行万科七宝广场作为典型进行分析,主要服务人群包含住宅群体、办公人群和车站带来的外来客群。其中住宅群体的活动时间大多集中在周末,需要大量丰富的生活消费,十分享受社交环境,会时常光顾户外的时尚餐饮;办公人群更注重生活配套的便捷度,多以室内工作型餐饮为主,在休息时间会偶尔游逛商场,比较适合餐饮业态多元的商场;对于外来客群来说,希望整体商业有一定体量规模,注重商业的亮点和独特性,重视商业有多元化体验性,期待商场具有一站式游玩的属性。

5.2.2.2 初步定位

贴合现代城市生活的社区商业,应逐渐由传统商业的被动填补转向以消费者需求为导向的主动引领,车辆段上盖商业开发也不例外。想要实现消费场景的创新升级,体现在商业项目的初步定位上,需要从场景消费、体验消费、互动消费、科技消费等方面入手,促进消费场景化、场景体验化、体验互动化和互动科技化,将消费者的购物体验打造成发现之旅、沉浸之旅、陪伴之旅和探险之旅(见图5-5)。

图 5-5　消费场景的创新升级

（1）社区型商业开发的初步定位

对于 3 万～5 万平方米的社区型商业开发项目来说，商圈辐射范围内的消费力处于起步阶段，现存商业体量不大，存在人均商业面积不足、区域消费力缺乏动力的问题。商业产品运营的重中之重是在这种类郊区小体量背景下，如何通过品牌和业态解决产品差异化问题。在产品定位上需要聚焦全年龄段家庭，打造精致百搭的购物中心，激发社区中人与人之间的联结与互动，从而形成城市区域品质生活的枢纽。下面还以案例杭州杨柳郡作为典型进行分析（见图 5-6）。

图 5-6　杭州杨柳郡实景

杭州杨柳郡的定位是社区中心的小型商业空间,旨在打造时尚＋休闲的都市新生活。杭州杨柳郡以全方位的园区服务体系为载体,在开放街区场景中营造全方位的都市休闲娱乐新生活,在年轻、潮流、精致、便民为商业定位关键词引领下(见图5-7),品牌业态引入了7-11杭州首家社区店儿童教育品牌育华早教及艺童星学院、特色餐吧芦芽、文化书吧纯真年代等,已经成为杭州精品街区生活服务集聚中心。

图5-7　杭州杨柳郡定位关键词

(2)区域型商业开发的初步定位

对于5万～10万平方米的区域型商业开发项目来说,商圈辐射范围内区域消费力旺盛,但一级商圈人均商业面积业已飙高,商业产品运营的关键是在这种居民聚集、商业地段成熟的城市区域,如何通过5万～10万平方米来打破品牌和业态同质化的僵局。在产品定位上需要聚焦中产阶级年龄段,以家庭为主,打造娱乐体验购物公园,吸收辐射人群8小时以外的生活经济,全面了解目标客群的全方位需求,打造具有故事性的消费氛围。(由于目前国内地铁车辆段上盖商业开发的建成落地进度较慢,5万～10万平方米较大规模的车辆段落地成熟的商业项目较少,因此区域型商业的相关研究部分。)本书选取商业规模、产品定位、目标客群等一致的商业项目,如杭州萧山华润万象汇(见图5-8)。

图5-8　杭州萧山华润万象汇实景

萧山华润万象汇定位探索式潮流新地标,打造集购物中心、写字楼、时尚休闲街区于一体的品质都市综合体。以文创、高端、品牌、首店为关键词(见图 5-9),引入 250 余家知名品牌,其中超过 50% 品牌首次登陆萧山。如萧山首家盒马鲜生、华东首家万象影城、万宝龙、Armani Exchange、法国小帆船童装、乐高、戴森、HARBOR HOUSE 家居、唐宫、奈雪的茶、西西弗书店、人马君健身等各业态品牌。在这些优质品牌的加持下成功引领商业品质升级,万象汇已经成为萧山新区板块极具代表性的商业商务中心。

图 5-9　杭州萧山华润万象汇定位关键词

5.2.3　实体功能与产品特质

5.2.3.1　实体功能

在互联网高速发展的今天,线上商业凭借流量的快速增长抢夺了线下的大量用户。但与此同时,在"消费升级"的大背景下,国家对实体商业越发重视,"实体复兴"悄然成为新的风口。实体商业"场景体验"的优势再度受到人们的重视,生活服务发展潜力大,未来服务提升将成为社区商业吸客、留客、黏客的有效手段。

通过深挖细分客群消费需求可以发现,"体验场景""社群空间""颜值经济"等新兴概念成为社区商业制胜关键,未来需要打造更为聚焦的主题型、场景式社区商业。对主题场景营造型社区商业来说,需要关注 IP 植入以及全场景化思维,向社交中心进阶,具有"场景化思维"的社区型购物中心其自身营利水平提升较快,且较容易获得资本关注;对营销场景营造型社区商业来说,主要通过对主题进行具象挖掘,把商品作为"道具"、把服务作为"舞台"、把环境作为"布景",引领美好生活方式的主题体验逐渐成为运营推广主流。

5.3 运营模型与业态落位

5.3.1 业态配比与模型推导

5.3.1.1 业态配比

商业能级的差别带来 4 个主要评价指标的差异性,这 4 个指标是可以统计的:①铺数量、②铺分级、③主力比、④小铺率。小铺率评价指标为主力比、次主力比和品牌比,要求适中适度;主力比要求控制 30% 的上限;铺数量要求规模匹配,如 3 万~5 万平方米店铺数量约为 80 多家,5 万~10 万平方米店铺数量约为 250 多家;铺分级要求收益匹配。

5.3.1.2 模型推导

(1)主力占比

项目主力业态分布及占比维度选取 5 万~10 万平方米的上海七宝万科广场为研究案例,统计各楼层主力店面积占比情况(见表 5-1)。总结得出:5 万~10 万平方米商业可配主力店、次主力店约 20 个,每层主力店面积占比为 11%~50%,总体主力面积占比为 23%~30%,单个次主力店面积为 1000~1500 平方米,单个主力店面积为 2000~5000 平方米。

表 5-1　5 万~10 万平方米上海七宝万科广场主力店品牌与特征总结

楼层及总计	品牌	面积/m²	主力店面积占比/%	亮点业态
B1	BLT 生鲜食品超市	3000		网红聚集地标
	大食代	1000		
		4000	11	
L1	苹果专卖店	1000		网红聚集地标
	UNIQLO	1000		
	ZARA	1300		
	SPAO	1200		
		4500	17	

楼层及总计	品牌	面积/m²	主力店面积占比/%	亮点业态
L2	UNIQLO	800		
	ZARA	1100		
	SPAO	1500		
	一条	1000		
	H:CONNECT	1000		
		5400	22	
L3	玩具反斗城	1000		
	石尚自然探索市集	230		互动体验业态
	西西弗书店	500		网红聚集地标
	热风	500		
	星际传奇	1000		
	MELAND 儿童成长乐园	2000		
	尼达利	2000		
		7230	30	
L4	点都德	300		网红聚集地标
	大鲁阁	2500		互动体验业态
		2800	12	
L5	CGV 影城	6000		互动体验业态
	无限运动馆	5000		互动体验业态
	RAPUTA 高线花园市集	1500		互动体验业态
		12500	50	
总计		36430	23	

5万～10万平方米购物中心的主力业态多为零售、餐饮、娱乐(全龄)与健身(见图 5-10)。主力铺型面积及楼层分布呈现出以下规律:①主力店面积段主要集中在 1000～2000 平方米,次主力店面积段主要集中在 300～500 平方米;②零售业态——零售型主力店面积段集中在 1000～2000 平方米,分布楼层集中在 1F—3F,面积占该楼层的约15%;③休闲健身——娱乐主力店面积段在各个面积段都有分布,分布楼层集中在 3F—5F,面积越往高楼层占比越高,从 20%～50%不等;④餐饮业态——娱乐主力店面积段集中在 1000～3000 平方米,分布楼层集中在 B1 层。

主力面积	5000~6000 m²	3000~5000 m²	2000~3000 m²	1000~2000 m²	500~1000 m²	300~500 m²
5F	影视娱乐 / 运动体验			种植体验		
4F			运动健身			美食正餐
3F				儿童娱乐 / 儿童娱乐 / 儿童娱乐		儿童零售 / 儿童娱乐 / 儿童种植
2F					大牌零售	
1F				大牌零售		
B1			进口超市	美食市集		

图 5-10　上海七宝万科广场各楼层主力店面积分布情况

根据表 5-2 总结归纳得出的主力占比指标建议,需注意,同一体量项目会因主力业态的数量多少而产生不同的店铺数量,具体需依据项目的定位决策。

表 5-2　主力占比指标建议

项目规模/ 万 m²	主力业态类型	主力业态占比/ %	店铺数量/ 个	参考项目
1～3	超市、生活服务、餐饮	25～30	60～80	杭州杨柳郡
				杭州翡翠城
8～12	生鲜超市、国际影城、 运动健身	25～30	250～300	闵行七宝万科广场
				杭州华润萧山万象汇

（2）店铺数量

归纳杭州杨柳郡、上海闵行七宝万科广场、杭州华润萧山万象汇、杭州西溪湿地印象城四个不同区位特征、不同档次定位、不同项目规模的商业项目，总结主次店铺的数量和类型（见表 5-3）。以此为依据，总结店铺数量的指标建议（见表 5-4）。

表 5-3　项目出租商铺数量统计

对标项目	区位特征	档次定位	项目规模/万 m²	业态划分		店铺数量/个	首店内容
				主力业态（面积≥2000m²）	次主力业态		
杭州杨柳郡	新城板块核心	中端	3.9	餐饮—13 米板柳月餐厅 600m² 零售—13 米板 7-11 300m² 文化—杨柳荟 纯真年代 300m²	9 米板：华联美购、康弛口腔、菲力伟 13 米板：晟宴、鲜丰水果、明康汇、育华早教、艺童星学院 杨柳荟：芦芽、和之食、十里春风、元素、翠熙餐厅	≥70	1 个杭州首入社区品牌
上海闵行七宝万科广场	近郊中心	中高端	25	超市-BLT 生鲜食品超市（B1） 2500～3500m² 娱乐-CGV 影城（L5） 4000～8000m² 儿童-MELAND 儿童成长乐园 2000m² 健身—无限运动馆 5000m²	B1——餐饮—大食代 L1：零售—优衣库UNIQLO）、零售-ZARA、零售—服饰集合店 SPAO L3：娱乐—玩具反斗城、娱乐—星际传奇 L5：零售—高线花园市集	≥310	引进了上海西南角首家 Apple Store 旗舰店、华润万家旗下高端精品超市 blt、好利来上海首店、点都德、谭鸭血、Just Thai 等多个上海首店及网红品牌，逐渐成为上海西南区域网红聚集地标
杭州华润萧山万象汇	新城中心	中端	10	餐饮—盒马鲜生（B1）	L3：娱乐星际传奇、亲子儿童金宝贝 L4：餐饮、健身 L5：餐饮—食通天	≥250	包括万宝龙、乐高、戴森、安德玛、捞神、UGG、西西弗书店、盒马鲜生、KOI 奶茶、奈雪的茶；华润置地自建影院品牌万象影城在万象汇开出华东首店

续表

对标项目	区位特征	档次定位	项目规模/万 m²	业态划分		店铺数量/个	首店内容
				主力业态（面积≥2000m²）	次主力业态		
杭州西溪湿地印象城	远郊中心	中高端	26	超市－山姆会员超市（B1） 娱乐－中影国际影城（L3） 娱乐－中影国际影城（L4） 健身－正格运动（L4）	L1:零售－ZARA、零售－迪卡侬、零售－好孩子 L2:零售－La Chapelle服饰 L3:娱乐－神采飞扬游乐公园、娱乐－悠游堂、娱乐－银乐迪KTV	≥300	浙江首家山姆会员商店

表 5-4　店铺数量指标建议

项目规模/万 m²	店铺数量/个	参考项目
1～3	80～90	杭州杨柳郡
8～12（租赁面积）	300～350	上海闵行七宝万科广场
8～12（建筑面积）	250～300	杭州华润萧山万象汇

（3）店铺面积、店铺分级

店铺面积与分级指标研究选取上海闵行七宝万科广场（25 万平方米）、杭州华润萧山万象汇（10 万平方米）、杭州杨柳郡（3.9 万平方米）为研究对象。研究发现主力铺型面积段及楼层分布呈现出一定规律：①零售业态——零售型主力店为生活型生鲜超市，面积段集中在 3000～6000 平方米，分布楼层在 B1 层；②休闲健身——娱乐主力店为影城，分布楼层在顶层，儿童娱乐次主力店多分布在中间楼层 3F；③餐饮业态——餐饮多为面积段集中在 100～500 平方米，分散分布于各个楼层。根据以上结论总结不同体量的商业店铺面积、店铺分级指标建议如下（见表 5-5、表 5-6）。

表 5-5 8 万～12 万平方米商业店铺面积、店铺分级配比指标建议

业态类型		单店面积/m²	数量	总面积占比/%	备注
主力店	超市	2500～4000	1	不高于 25	
	影院	4000～8000	1		
	儿童	1500～2000	1		
	健身	1500～2000	1		
非主力店	零售 服饰/美妆	50～300	70～90	25～30	主力店：面积大于 2000m² （超市、影院无论面积大小均属于主力店），主要考虑其承租能力低、租赁期限长、人流的带动性较强等特征； 次主力店：面积在 800～ 1500m² 之间； 非主力店：面积小于 1500m²，并细分为六个面积区间
	零售 快时尚	1000～1500	2～4		
	零售 跨界集合点	1000～1500	1～3		
	餐饮 正餐	200～600	30～40	25～30	
	餐饮 快餐	100～300	15～20		
	餐饮 甜点饮品	40～100	15～20		
	生活娱乐 电玩(可选)	800～1000	1	10～15	
	生活娱乐 KTV(可选)	1000～1500	1		
	生活娱乐 品牌厨具	300～500	1		
	生活娱乐 网红书店	300～500	1		
	生活娱乐 互动体验	500～1000	3～5		
	服务 儿童配套	100～500	4～6	8～15	
	服务 美容 SPA	200～400	1～2		
	服务 教育培训	200～500	4～5		
	服务 时尚花店	100～200	1～2		
	服务 生活配套	50～400	4～6		

表 5-6 1万～3万平方米商业店铺面积、店铺分级配比指标建议

业态类型			单店面积/m²	数量	总面积占比/%	备注
主力店		超市	2500～4000	1	不高于 25	主力店:面积大于 2000m²(超市、影院无论面积大小均属于主力店),主要考虑其承租能力低、租赁期限长、人流的带动性较强等特征; 次主力店:面积在 800～1500m² 之间; 非主力店:面积小于 1500m²,并细分为六个面积区间
		影院	4000～8000	1		
		儿童	1500～2000	1		
		健身	1500～2000	1		
非主力店	零售	服饰/美妆	50～300	70～90	25～30	
		快时尚	1000～1500	2～4		
		跨界集合点	1000～1500	1～3		
	餐饮	正餐	200～600	30～40	25～30	
		快餐	100～300	15～20		
		甜点饮品	40～100	15～20		
	生活娱乐	电玩(可选)	800～1000	1	10～15	
		KTV(可选)	1000～1500	1		
		品牌厨具	300～500	1		
		网红书店	300～500	1		
		互动体验	500～1000	3～5		
	服务	儿童配套	100～500	4～6	8～15	
		美容 SPA	200～400	1～2		
		教育培训	200～500	4～5		
		时尚花店	100～200	1～2		
		生活配套	50～400	4～6		

(4)小铺率

根据上文研究,总结小铺率指标建议如下(见表 5-7、表 5-8)。

表5-7　5万~10万平方米商业小铺率指标建议

指标	店铺面积及配比						
	A 主力店	B 次主力店	C 非主力店				
	2000m² 以上	800~ 1500m²	80m² 以下	80~150m²	150~250m²	250~500m²	500~800m²
数量占比/%	1	2	38	22	19	16	3
面积占比/%	18	12	9	10	18	25	8
平均面积/m²	3500	1200	50	100	200	320	600
数量/个	2	4	70	40	35	30	5
总面积/m²	7000	4800	3500	4000	7000	9600	3000

备注:总面积为 35000~40000m²,店铺数量 170~200 个;主力店与次主力店合计占项目总面积的 30%~35%;150 平方米以下的店铺占店铺总数量的 60%左右,面积占项目可租赁面积的 20%左右。

表5-8　3万~5万平方米商业小铺率指标建议

指标	店铺面积及配比						
	A 主力店	B 次主力店	C 非主力店				
	2000m² 以上	800~ 1500m²	80m² 以下	80~150m²	150~250m²	250~500m²	500~800m²
数量占比/%	1	3	18	27	27	18	5
面积占比/%	17	12	4	12	19	26	11
平均面积/m²	3500	1200	60	120	200	400	650
数量/个	3	6	40	60	60	40	10
总面积/m²	10500	7200	2400	7200	12000	16000	6500

备注:总面积约为 60000~65000m²,店铺数量 220~250 个;主力店与次主力店合计占项目总面积的 25%—30%;150 平方米以下的店铺占店铺总数量的 40%~42%,面积占项目可租赁面积的 11%~13%。

5.3.2　竖向特征与楼层分布

不同体量的商业其业态构成呈现出的特征各异,因此本书采用归纳总结的方法,针对 25 万平方米、5 万～10 万平方米和 3 万～5 万平方米三大体量的典型商业项目总结出业态的垂直分布特征,以为后来的商业项目实践提供参考。

25 万平方米大体量商业综合体选取了万科七宝广场作为研究样本,总结各楼层店铺面积见(表 5-9)、店铺个数(见表 5-10)及两者所占比例。研究发现:万科七宝广场每一楼层均有主力店或次主力店分布,数量在 1～4 家不等。零售主力、次主力——零售型主力店面积段集中在 1000～2000 平方米 6 家,分布楼层集中在 1F—2F,面积占该楼层的 15% 左右。餐饮主力、次主力——餐饮主力店面积段集中在 1000～3000 平方米,分布楼层集中在 B1 层。休闲健身主力、次主力——娱乐主力店面积段在各个面积段都有分布,分布楼层集中在 3F—5F,面积越往高楼层占比越高,从 20%～50% 不等。

表 5-9　万科七宝广场业态构成(店铺面积)分布

层数	建筑面积/ m²	万科七宝广场业态构成				
		零售/m²	餐饮/m²	休闲娱乐/m²	教育培训/m²	美容美体/m²
B1	36000	4070	6750	0	0	730
L1	26500	10500	2080	0	70	750
L2	24300	13430	1790	0	520	0
L3	24300	8080	1400	3520	3040	170
L4	24300	3520	6830	3850	840	1110
L5	24800	2720	7030	7680	510	0

表 5-10　万科七宝广场业态构成(店铺个数)分布

层数	总铺面数/ 个	万科七宝广场业态构成				
		零售/个	餐饮/个	休闲娱乐/个	教育培训/个	美容美体/个
B1	69	12	50	0	0	7
L1	57	38	14	0	1	4
L2	48	43	4	0	1	0
L3	48	33	4	5	5	1
L4	45	24	10	4	2	5
L5	32	7	17	4	4	0

5 万～10 万平方米中型体量商业综合体选取了杭州萧山万象汇作为研究样本,总结各楼层店铺面积(见表 5-11)、店铺个数(见表 5-12)及两者所占比例。研究发现:杭州萧山万象汇每一楼层均有主力店或次主力店分布,数量在 1 家～4 家不等。零售主力、次主力——零售型主力店面积段 3000～6000 平方米为生活精品超市,在 B1 层;次主力店 500～1000 平方米 1 家,分布在 1F,面积占该楼层的 15% 左右。餐饮主力、次主力——餐饮有次主力店 1 家,面积 500～1000 平方米,分布在 L2 层。休闲健身主力、次主力——娱乐主力店国际影城面积为 3000～6000 平方米,落位在顶层,次主力店面积为 500～1000 平方米 1 家,在 L4 层。儿童亲子次主力店 1 家,在 L3 层。

表 5-11　杭州萧山万象汇业态构成(店铺面积)分布

层数	零售/m²	餐饮/m²	休闲娱乐/m²	儿童亲子/m²	美容美体/m²	楼层面积/m²
B1	6800	2060	0	0	260	9120
1F	4010	860	0	0	440	5340
2F	5190	1450	0	0	50	6690
3F	3600	610	0	5180	0	9390
4F	1650	2810	1100	2560	730	8850
5F	1800	4340	3630	0	350	10120

表 5-12　杭州萧山万象汇业态构成(店铺数量)分布

层数	零售/个	餐饮/个	休闲娱乐/个	儿童亲子/个	美容 & 配套/个
B1	27	17	0	0	5
1F	29	4	0	0	1
2F	36	4	0	0	1
3F	27	3	0	14	0
4F	9	8	2	17	3
5F	14	13	1	0	4

3 万～5 万平方米小型社区商业选取了杭州杨柳郡作为研究样本,研究发现,餐饮、零售、服务业态为小型社区商业的主要构成,无论是店铺数量还是面积两者之和均占总量的 50% 以上。餐饮业态每层均要设置,零售业态布局在低层。而休闲娱乐、文化体验业态虽然数量较少,但店铺所需面积较大。儿童亲子业态配置随项目发展逐步增多,而美容配套业态数量较少。

地铁TOD车辆段上盖商业空间设计与运作指引

5.3.3 商业规律与租户特征

5.3.3.1 商业规律

商铺的价值具有一定的空间规律,因此需要把握商铺价值的空间规律并结合规律的特征对商业模型进行设计深化。总的看来,对于商铺的位置来说,楼层位置的影响是最大的,其次是是否在主步行街。此外,靠近主力店、临街与靠近出入口,对租金的影响相差不大。对于零售类型来说,女装、男装、饰品、专业店、礼品工艺品、个人服务、皮鞋皮具往往能支付较高的租金溢价。

商场特征对租金边际价格的影响可用经验公式表达:$y = 0.0184x_1 + 0.177x_2 + 0.0192x_3 + 0.0176x_4$。其中,$y$ 代表商铺租金边际价格,x_1 代表商铺面积,x_2 代表距一楼层数,x_3 代表商铺可见度,x_4 代表商铺可达性。以商铺面积为例,该公式表达了每增加 1% 的商铺面积,商铺的单位租金边际价格将下降 1.84%。显然的,在所有决定商铺租金边际价格的特征变量中,距一楼层数的作用是显著的(见图 5-11),其次是商铺可见度。

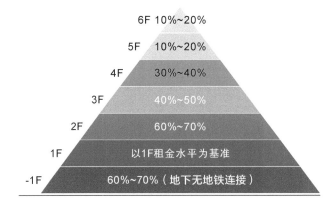

图 5-11

"商铺可见度"是指商铺位置的可见度。把商铺可见度划分为 101 个刻度(每 1% 为 1 个刻度),从公共区域看商铺的可见度每增加 1 个刻度,商铺的租金边际价格增加 1.92%。商铺可见度对租金影响规律体现在公共空间、柱网、步行主街的空间布局。因此在设计过程中需尽可能使更多的商铺"可见",可采取以下策略:①在购物中心建筑设计过程中,打造内部空间的通透性是极其必要的。一个通行的方法就是设置共享空间,也就是足够宽敞的中庭和采光廊,更有效地组织内部客流,使各层商铺店面可以得到充分展示。②在购物中心尽量少地设置柱网,尤其在中庭和采光廊要充分实现无柱网设计。中庭和采光廊实现无柱网设计,可以平均提升 5 个刻度,即 5% 的商铺可见度,可增加 9.6% 的租金边际价格。③采光廊设计应注意其宽度和高度的比例,按人眼正常视场角自然上仰 30°、下俯 45°计算,采光廊的高度不大于宽度的 1.5~2 倍,如采光廊的净宽是 12 米,那么其高度不能大于 18~24 米。这样,商铺的可见度就可以充分体现。

从上海七宝万科广场为例,"商铺可达性"是指顾客随机到达任意商铺的概率。把商铺可达性划分为 101 个刻度(每 1% 为 1 个刻度),从公共区域看商铺的可达性每增加 1 个刻度,商铺的租金边际价格增加 1.76%。要实现较高的商铺可达性,关键在于动线的合理布置,原则在于:①控制动线长度。顾客对于一个平面超过 1000 米总长度的动线是没有耐心走完的(见图 5-12)。②减少交通的节点,尤其是奇节点。一个平面,平面动线中的奇节点不要超过 3 个。根据运筹学理论,奇节点之间只能重复行走。③动线要实现闭环,不可出现断头。④平面动线应实现单动线,不可出现多动线。⑤竖向动线尽量实现花洒式。上行坚决而且快速,例如使用天梯或垂直电梯;下行放射而且缓慢,例如使用短距离自动扶梯(见图 5-13)。

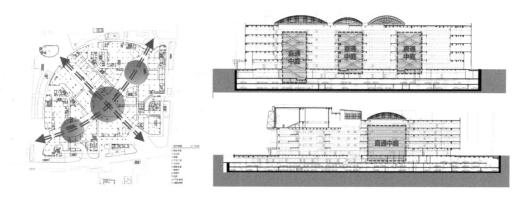

图 5-12　上海七宝万科广场平面与剖面的动线体系

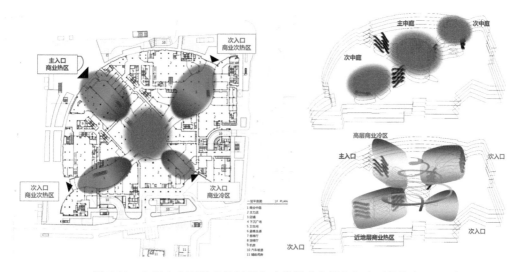

图 5-13　上海七宝万科广场以竖向动线提升空间人气冷区的热度

5.3.3.2 租户特征

租户分为人流租户、租金租户和主题租户三种类型。不同类型的租户对商铺的空间要求不尽相同。其中,人流租户(包括主力店和次主力店)应尽量布置于购物中心深处或高楼层处;对租金租户来说,楼层位置的影响是最大的,其次影响的是是否在主步行街;主题租户则因地制宜,空间布局应与主题相契合。

人流租户的主力店能够对购物中心产生积极的外部效应。主力店往往通过自己的产品和品牌,吸引各种目的性消费,从而产生很强的外部客流的集聚效应。因此,商铺位置对于主力店本身不是最重要的,但对租金价格具有很强的砍价能力。主力店的位置设置要求:①应尽量布置于购物中心的深处或高楼层处,而不是顾客易于到达的出入口附近;②主力店周围应尽量被普通商铺包裹,其位置及开口的选择要达到足以给普通商铺贡献充分客流的目的;③在动线设计和环境设计中,强化主力店对普通商铺客流供应的方向性引导(见图5-14、图5-15)。人流租户的次主力店也具有很强的客流积聚效应。按目前我国内地购物中心次主力店各业态的平均分布比例,特色餐饮(包括麦当劳、肯德基、必胜客、棒约翰等)为71.1%,休闲娱乐健身为11.8%,其他为17.1%。次主力店位置和布局对其租金标准水平有重要影响,具体体现在:①距一楼层数和靠近主出入口对租金影响显著;②同类零售聚集效应在次主力店中反应敏感,同类业态的次主力店在布局上的聚集,能增加比较性消费机会,给各商家带来更多的销售额。这种聚集效应可以产生该类商铺5%~10%的租金边际效益。

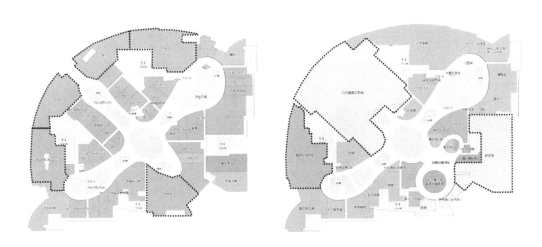

上海万科广场2F   上海万科广场5F

图5-14 上海万科广场2楼与5楼主力租户店分布

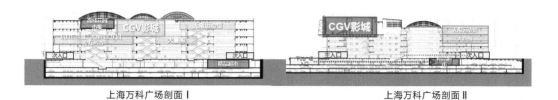

上海万科广场剖面 Ⅰ　　　　　　　　上海万科广场剖面 Ⅱ

图 5-15　上海万科广场剖面

　　租金租户中零售业态的商铺是购物中心租金的主要贡献者,而普通商铺的位置比零售商铺对租金的影响更大。对于商铺的位置来说,楼层位置的影响是最大的,其次的影响在于其是否在主步行街。此外,靠近主力店、临街与靠近出入口,对租金的影响相差不大。在零售类型中,女装、男装、饰品、专业店、礼品工艺品、个人服务、皮鞋皮具可以支付较高的租金溢价。

　　主题租户是租户中较为特殊的一类,租户需求各异。如文青生活主题的租户要求塑造休闲和开放的场所气质;书店业态主题的租户想要重视常被忽略的"熟龄人群";休闲公园主题的租户意图打造如公园般的丰茂景观;街巷空间主题的租户想要让建筑本身成为体验的一部分;垂直森林主题的租户需要让人自由探索的半室外空间。上海爱琴海购物公园与上海虹桥南丰城,商场通过"身穿汉服即可享受特权"的方式鼓励消费者穿汉服逛商场,有时就连场内工作人员也换上了类似服饰,整个商场的国风氛围十分浓厚(见图 5-16)。

图 5-16　上海爱琴海购物公园与上海虹桥南丰城汉服主题活动

5.4 多途径价值提升

5.4.1 品牌个性化提升

品牌网红化可通过网红聚集地标的场景营造、轻奢国际品牌的内容构建和首店品牌效应的业态丰富三方面的升级逐步打造。网红品牌是指借助社交媒体进行营销快速传播并获得大量粉丝将流量变现,从而形成一定的口碑,能为新建商业项目快速聚集人气的品牌。轻奢品牌即"可以负担得起的奢侈品牌",体现了 80 后年轻人的消费观,不盲目追求大牌,以更适度、更自我、更挑剔的态度面对品牌。首店品牌是指在行业里有代表性的品牌或新的潮牌在某一区域开的第一家店,从而使品牌价值与区域资源实现最优耦合,并对该区域经济发展产生积极影响。

对于 3 万~5 万平方米的商业购物中心,通过分析杭州杨柳郡、杭州翡翠城项目的品牌类型和店铺种类,发现便捷的、社区服务型品牌形成了商业项目品牌体系的最重要的组成部分(见表 5-13)。品牌的个性化提升是商业产品运营多途径价值提升的首要内容。通过邻里空间的场景营造、社区居民的偏好分析及相关品牌的属地关联,共同营造商业品牌的社区化。与城市核心商圈的大体量商业项目不同,小规模的社区型商业中,必不可少的是便捷的,高频次、低消费的社区服务型品牌。而以社区服务为主导,针对局部品牌进行个性化提升,成为社区型商业品牌个性化提升的重要手段,如杭州杨柳郡7-11 为杭州首家社区店。

表 5-13 典型品牌提升商业项目类型分析

项目名称	品牌类型	社区服务型业态店铺
杭州杨柳郡	生活服务	7-11、明康汇、鲜丰水果、宽焙客、良品花艺、康弛口腔、老百姓大药房、尤萨洗涤、菲力伟等
	亲子教育	育华早教、艺童星学院、柚艺家、忆触记发、爱婴岛等
	美食餐饮	柳月餐厅、晟宴、芦芽、十里春风、元素、翠熙餐厅等
	休闲娱乐	纯真年代、氢氧理肤、心塑孕产普拉提等
杭州翡翠城	生活服务	绿橙、联华、菲力伟、安格翡翠口腔、威特斯洗衣、邻家大药房等
	亲子教育	小棒友儿童运动馆、彩虹乐园、bluekid 蓝尔亲子中心等
	美食餐饮	知味观、蜀沁园、土菜馆等
	休闲娱乐	巴马美容养生 SPA、云锦化妆美甲、克丽缇娜等

通过对 5 万～10 万平方米购物中心进行研究,分析杭州萧山万象汇和上海七宝万科广场商业项目的品牌类型和店铺种类,网红品牌、轻奢品牌和首店品牌已成为商业项目品牌体系的有机组成部分(见表 5-14)。网红品牌汇集人气,轻奢品牌提升档次,首店品牌引爆亮点。

表 5-14　典型品牌提升商业项目类型分析

项目名称	品牌类型	品牌提升业态店铺
杭州萧山万象汇	萧山首店	万宝龙、乐高、戴森、星巴克、北山十号、安德玛、捞神、UGG 等
	网红店铺	西西弗书店、盒马鲜生、万象影城、奈雪の茶
	亲子品牌	3Motobaby 环球母婴生活馆、沃特宝贝、汪正影业、金宝贝、Stride Rite 喜健步、玩具反斗城、乐高、Meland 儿童成长乐园、luolai kids、七田真早教、宝贝厨房、护童、Isee 灰姑娘、童绘、Petie Bateau 小帆船等
	生活娱乐	Fissler 厨具、海马体照相馆、西西弗书店、人马君、Harbor House、科沃斯机器人
上海七宝万科广场	首店	大鲁阁、汉来海港、汉来轩、Meland 儿童成长乐园、有生品见、好利来、日日香鹅肉饭店、Calibio、包小姐和鞋先生
	网红	苹果直营店、西西弗书店、喜茶、奈雪の茶、鹿角巷、NITORI、Calibio、点都德、谭鸭血、光之乳酪、阿亮宽巷子
	轻奢	Dior、Furla

5.4.2　业态多元化提升

业态的多元化提升是商业产品运营多途径价值提升的具体途径。业态的多元化提升可以通过跨界融合的集合业态、健康绿色的运动业态和沉浸体验的文创业态三方面来实现。

跨界融合的集合业态特色的案例有以生活缩影营造为特色的日本东京日比谷中心市场(Hibiya Central Market)和以功能混合为优势的泰国曼谷盛泰领使商场(Central Embassy Shopping Mall)。其中,日比谷中心市场更重在塑造以生活为主题的商业综合体的缩影。整个市场空间以"有邻堂"书店为核心,打造的多元生活方式结合型店铺,把原本只能沿街开设的小店集成打包放进购物中心,让严肃的商业变得柔软化、生活化(见图 5-17)。而曼谷盛泰领使商场以文创业态空间展示国际建筑特色,使阅读区与餐饮区无缝衔接。曼谷盛泰领使商场的开放空间(Open House)位于曼谷上空 50 米处的中央领使(Central Embassy)综合体中,这个 4600 平方米的巨大双层区域,是一个由餐厅、休闲室、酒吧、画廊、商店、图书室和工作坊共同构成的空间群落,顾客可以在这里闲逛、游乐、吃喝或者伏案工作(见图 5-18)。

图 5-17　"有邻堂"书店由书柜围成墙壁的图书馆

图 5-18　盛泰领使商场混合功能的开放空间

　　跨界融合的集合业态较出色的国内案例有杭州杨柳郡纯真年代书吧。书吧客群由阅读爱好者、文艺青年和关注热点新闻等业主组成,每月组织一期分享会。纯真年代书吧不仅仅是品质阅读的场所,也是社交的场所(见图 5-19)。

图 5-19　杭州杨柳郡纯真年代书吧内部场景

　　健康绿色的运动业态大多运用于商业建筑高层区的活动与体验。其中,上海七宝万科广场以运动主题区、运动装备品牌零售和品牌健身房的运动活动集合,打造一站式的综合运动娱乐中心(见图 5-20)。同时,上海七宝万科广场还以娱乐运动主题区、主题体验馆、屋面农场和主题跑道相结合,打造运动主题特色的屋面体育运动公园(见图 5-21)。而上海长风大悦城天空之城(Sky Park)高登公园,以国内购物中心首条全粉红色屋顶全玻璃凌空跑道夺人眼球,打造一站式的综合运动屋面公园。这些案例都将运动活动元素与高层业态相结合,将人气引入商业建筑高层(见图 5-22)。

图 5-20　上海七宝万科广场高层室内运动娱乐中心

图 5-21　上海七宝万科广场顶层屋顶体育运动公园

沉浸体验的文创业态即将商业公共活动区置入现代科技装置,结合现代声、光、电等全方位感官体验,给予顾客全方位的高级体验。随着生活品质的不断提升,人们对于公共空间的要求越来越高,经营者也越来越难带给消费者愉悦的体验,所以研究如何带给人们愉悦的器官性本能,便是空间规划的本质工作。沉浸体验的文创业态从最原始的感官体验去创造更为多元的空间,打破世界的三个维度甚至将改造的触手伸向了第四维度、第五维度(见图 5-23)。

图 5-22　上海长风大悦城天空之城高登公园凌空跑道

图 5-23　上海万象城公共空间的沉浸体验装置

5.4.3　服务创新化提升

服务的创新化提升是商业产品运营多途径价值提升的内生动力。创新化的商业服务在于人本主义、绿色生态、科技智能三者理念与技术的融合。而商业产品的创新化则是服务创新、运营创新、业态创新在空间上的体现（见图5-24）。服务的创新化提升最终通过层级递进的累加创新实现了以有限经营面积到倍数增长的经营效益增长。

图 5-24　服务的创新化提升理念结构示意

服务创新运用多元沉浸服务、精细致化服务和智能停车等多维度的人性化设施服务客户。例如上海七宝万科广场采用的服务创新举措,无论是基础升级的医疗箱、为女性准备的关爱用品包,还是儿童防走失手环、溜娃神器的全场遍布,甚至微小至针线包、换用一次性拖鞋、汽车应急电瓶等,上海七宝万科广场都将服务做到"润物细无声"的多元沉浸化。不仅如此,上海七宝万科广场将停车系统与线上免密支付打通,使缴费流程在系统后台自动完成,停车缴费智能化,实现 3 秒无感停车,为消费者带来灵敏快速无感停车体验。一座商场的公共卫生间往往能体现其人性化服务的水平。上海七宝万科广场公共卫生间的贴心布局与设计值得参考。首先,成人洗手间、儿童洗手间、无障碍卫生间和母婴室等各类型卫生间平衡分布于各楼层(见表 5-15、图 5-25)。其次,公共卫生间的细节设计也体现出服务的创新。例如卫生间隔断门为抗倍特不锈钢包边。没人时,铰链限 30 度角度自然开启,让顾客易于分辨;马桶后面置物台方便放包;每个卫生间保证一处儿童座椅;每个隔间内设置消毒液、垃圾桶、大卷盘抽纸盒;配备感应式水龙头、感应皂液器,避免手触;洗手盆采用台下盆;皂液盒与水龙头相邻布置,防止滴撒到台面;特地为儿童设置的洗手台;镜前灯柔和照明,使洗手照镜子有一定舒适性;台下柜子,满足一定清洁用品收纳,还有垃圾桶、电热水器;化妆台带有座位设置,增加舒适性;速干大功率烘手器,比嵌墙烘手器快干时间更短(见图 5-26)。杭州萧山万象汇在商场内设置的多功能卫生间同时包含了化妆区、母婴间、亲子间、儿童间等配套服务,尤其是对各种配套设施和细节的考究,无不体现着人性化的服务标准和贴心舒适的细节尺度(见表 5-16、图 5-27、图 5-28)。

表 5-15　上海七宝万科广场公共卫生间楼层分布

楼层	洗手间数量/个	儿童洗手间数量/个	无障碍卫生间数量/个	母婴室数量/个
B1	3	2	1	1
1F	1	1	1	0
2F	4	3	1	0
3F	3	3	1	1
4F	4	3	1	0
5F	3	2	0	0

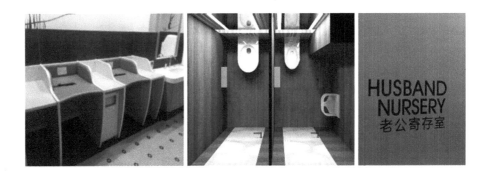

图 5-25　上海七宝万科广场的母婴室、无障碍卫生间

图 5-26　上海七宝万科广场公共卫生间平面与细节

表 5-16 杭州萧山万象汇公共卫生间楼层分布

楼层	洗手间数量/个	亲子洗手间数量/个	无障碍卫生间数量/个	母婴室数量/个
B1	2	0	1	1
1F	1	0	0	0
2F	2	0	1	1
3F	2	1	1	1
4F	2	0	1	1
5F	2	0	1	0

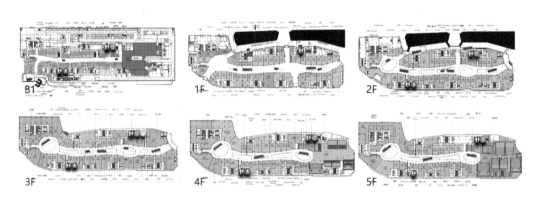

图 5-27 杭州萧山万象汇公共卫生间楼层平面布局

图 5-28 杭州萧山万象汇公共卫生间细节

运营创新采取无感积分、会员数字化等绿色生态与科技智能相结合手段提升商场体验感。又如上海七宝万科广场，以高科技的生态治理技术升级购物中心空气的优化，29个智能数据采集全景实时监控环境空气质量，打造更有序化的"绿色生态"＋"科技智能"标签，将24万平方米超大体量的购物中心整体覆盖，让每天面对川流不息人群的商业地产，成为一个可"舒畅呼吸"的沉浸式美好环境。

5.4.4 运营公益化提升

运营的公益化提升是商业产品运营多途径价值提升的创新特色。商业产品运营过程中通过重构理想社区的人际社交，组建以绿城商业运营为代表的"好邻、好街、好生活"的理想模式，以好街公益带动友邻社群，实现商业社区的共建共享。运营的公益化提升旨在建立完善的运营体系，探索邻里关系的新模式，把好街变成一个充满互动与连接的生活空间，让居民和顾客实现真正的心安。以下以杭州绿城杨柳郡好街运营为例。

①公益服务让每个人能与周围的人建立情感连接，获得归属感与认同感。以情感构建生活场景，运营重构理想社区的人际社交，用"社群和公益"重新定义绿城范式的邻里关系，让"共建、共创、共享"的精神成为人们的精神纽带，让邻里友爱的文化成为顾客聚在一起的共同信仰。业主和商家都是公益服务队的重要参与者，好街集结大家，助力公益收获美好。"好邻居"业主公益服务包括参与好街/社区日常公益活动，如关爱老人、秩序维护；担任好街活动的志愿者，为各项趣味活动出谋划策；代表好街公益服务队走出社区，助力社会公益事业。通过此类活动，使人们感知自我实现，收获帮助他人的喜悦与成就；了解好街的管理机制以及活动策划全流程；在亲子志愿活动中，培养孩子的责任感。而"好掌柜"商家公益服务活动则为业主提供好街特色公益服务，如洗衣店免费提供针线盒、图书馆提供免费旧书借阅等；积极参与好街各项公益活动，为好街出谋划策；为好街公益活动提供资源，例如场地、物料支持。顾客与业主在活动中获得好街对商家IP活动的支持，通过全渠道宣传、资源嫁接等形式，为商家引流；获得好街公益的品牌加持；收获好街居民对商家的认同和喜爱，和业主成为朋友。绿城好街便民服务点设置见图5-29。

②友邻社区营造"熟人式社区"的趣味之所。新型邻里间社群关系在开放、亲密的街区环境中，从陌生淡漠走向熟悉亲切，在一个具有归属感的社群里，更好地分享自己，收获美好。好街通过为社群招募成员、促成商家与社群联动，提供必要的经费和资源支持。最终每条好街形成5个活跃社群、3个社群IP活动，如读书计划、跑步计划、音乐计划等。为进一步拉近社区居民之间的距离，促进和谐互助的氛围形成，2019年，绿城商业以杨柳郡好街为试点，成立了首支涵盖社区商圈商户、居民群众、物业管理方和公益组织的"好街一家亲"公益服务队。通过"益四季""益阅读""益课堂""益支付"四大益体系，有效拉近了邻里距离。

图 5-29 绿城好街便民服务点设置

③趣味活动扶持商家自有的品牌系列活动,做到双向引流。好街发起年度活动如好物节和四时节。好物节举办好街开街或周年庆等年度 IP 活动,包括趣味集市、音乐派对等。杭州杨柳郡好街开街当天,完成客流量从开街前不足百人到 3000 人的突破。四时节举办春生节、夏凉节、秋收节、年货节围绕春、夏、秋、冬四季组织应季主题活动,让人们在每个季节都能感受到节庆日的美好。针对不同年龄段客群,打造全龄幸福休闲广场,包括长者空间——红叶广场、青年空间——U-Young 广场、儿童空间——海豚广场等。

④共建共享实现社区生活合伙人。好街提供咨询、投资、孵化、资源链接等全流程创业支持。652 户生活合伙人通过创业合伙,在社区中收获价值与温暖。而业主的共创组织和制度,让业主参与好街日常维护和商户监督。为业主提供外延"家"之外的场景,打造社区文化客厅。通过线上线下活动为商家提升好街品牌形象,创造更好的消费体验,为商家持续引流。

6 地铁车辆段TOD上盖商业产品设计指引

6.1　场地规划

车辆段上盖商业空间与车辆段相互依托,两者属于两个不同的功能实体。对于地铁车辆段来说,其主要功能是为地铁车辆的正常运营提供必要的后勤服务,功能定位较为单一,而对于商业空间来说,其功能定位与环境要求较高。因此在车辆段单一的功能环境下,车辆段上盖商业开发空间容易与周边的城市环境隔裂开来,形成功能各自独立、与周边城市环境的衔接不够成熟的局面,从而降低车辆段商业功能对周边城市生活的辐射,也降低了上盖商业的活力。因此,在进行地铁车辆段场地规划时,需要遵守一定的指标要求,对上盖尺度和空间进行限定;选择合理地块,完善城市区域整体功能配套;进行合理的功能布局,形成良好的功能复合体;在沿街设计和交通流线的制定上,需要与周边区域开展有效的互动;在打造形成合理流线、激发区块活力的同时避免相互干扰;将车辆段上盖空间与周边环境有机结合,满足消费者生活、工作、娱乐、购物等多方面的需求,激活城市区域整体活力。

6.1.1　规划指标

地铁 TOD 上盖商业的场地规划需要遵循一定的指标要求,对尺度和空间有所限定,商业规划的基本指标主要包括用地面积、建筑面积、容积率、建筑密度、建筑层数、停车指标等,对于不同规模的 TOD 商业开发空间有不同的指标要求,本书对 3 万~5 万平方米和 5 万~10 万平方米的 TOD 商业开发空间分别提出了相应的指标建议,见表 6-1、表 6-2。

表 6-1　3 万~5 万平方米 TOD 上盖商业规划指标建议

用地面积	2.0 万~4.0 万 m²	
建筑面积	3.0 万~5.0 万 m²	
容积率	<1.5	
建筑密度	40%~55%	
建筑层数	二层(局部三层)	
铺面层高	首层 4.8m(若考虑夹层,为 6m),二、三层 4.5m	
超市层高	营业层层高 6m	超市位于地下
柱网选择	8.1~8.4m	
得房率	≥75%	
地库停车指标	45m²/车(包含人防、卸货区、设备用房等面积)	

表 6-2　5 万～10 万平方米 TOD 上盖商业规划指标建议

用地面积	3.5 万～7.0 万 m²
建筑面积	5.0 万～10.0 万 m²
容积率	<1.5
建筑密度	30%～35%
建筑层数	四～五层(可以局部五层)
铺面层高	首层 5.3m;二、三层 4.5m;四层 5.0m
超市层高	B1(超市位于地下)营业层层高 5.4m;B2 层高 4.9m
柱网选择	中端产品宜为 8.4～8.4m;高端产品不大于 9.0～9.9m
得房率	≥55%
地库停车指标	45m²/车(包含人防、卸货区、设备用房等面积)

6.1.2　地块选择

6.1.2.1　选择原则

地铁车辆段上盖 TOD 商业开发的地块选择是项目能否成功的关键要素,合理的地块选择有利于完善城市区域的商业配套,改变居民的出行及消费娱乐方式,有效提升区域价值,提高城市的整体发展格局。地铁车辆段上盖 TOD 商业开发地块的选择原则主要体现在因地制宜、规划导向和车辆段关系三方面。

(1)因地制宜

①地块选择应注重所在场地与城市主次干道的位置关系,注意地块是否易于形成商业界面的连续性和标志性;

②位于街角的地块应注意道路转角的处理方式,以及与地块周边城市重要建筑和景观广场的位置关系;

③地块选择需要注意和周边已有建筑和所在地区历史文脉的地块关系、日照间距和制约条件。

(2)规划导向

①以近期的城市规划条件作为重要考虑因素,来判断地块的商业价值;

②将城市交通路线纳入购物中心交通体系中,也是项目获得大量持续人流最有效的方法;

③结合城市规划部门的规划设计,形成对城市人流的高效导向设计,使之沿着清晰明确的路线较快到达购物中心。

(3)车辆段关系

在条件受限的情况下,商业中心的出入口也要力求与地铁口、城市公交站点等其他城市交通换乘设施保持彼此间的通畅与便捷,使访客能在最短的时间内顺利到达商业目的地。

6.1.2.2　区位条件

对于车辆段上盖商业来说,依托轨道交通带来的客群流量有先天优势,因此,选择区位条件优越的地段进行商业开发,可以最大程度地提升人群流动,最大限度地激发商业潜力。区位条件的选择主要受区位地段、地铁公交和周边地块影响。区位地段上需要确定所处城市区位是城市中心区、城市次中心,近郊或远郊区,进而判断是否处于城市某主要商圈中,是否是人流旺地。地铁公交对区位的影响主要体现在决定了地块周边是否有利于人流到达,如地铁、公交、天桥等,对于城市区域来说,人流优先排序为:地铁＞公交＞住宅＞学校。周边地块的社区、学校、幼儿园、商业、办公建筑对商业价值具有很大影响,决定了能否带来有效消费人群,这些城市功能的商业价值排序为:商业＞办公＞住宅＞学校。

在对区位进行合理的选择后,商业地块宜通过立体连通空间密切对接地铁口,使访客能用最短的时间到达商业目的地,以下以杭州萧山万象汇和上海七宝万科广场为例。杭州萧山万象汇的项目地块为矩形地块,地铁上盖商业位于 2 号线人民广场站,周边有人民广场、大型居住社区、时代广场等,人流量巨大,地块商业价值高(见图 6-1)。上海七宝万科广场的项目地块为方型地块,地铁上盖商业位于 9 号线七宝站,紧邻大型社区万科城市花园,周边还有汇宝广场、七宝老街与交大七宝校区,区位条件优越(见图 6-2)。

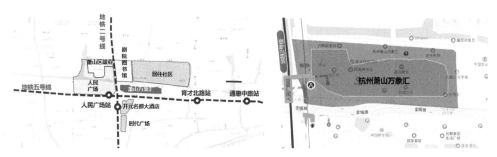

图 6-1　杭州萧山万象汇项目区位示意

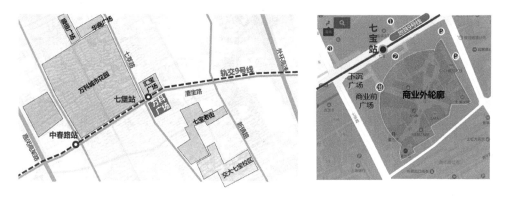

图 6-2　上海七宝万科广场项目区位示意

6.1.2.3　地块选择

在确定了城市区位后,具体的地块选择也对商业的开发运营有一定影响。对于商业开发项目来说,理想的地块选择应两边临近城市级道路,至少一边临主要城市道路,以长方形地块、L形地块和正方形地块为例(见图 6-3):长方形地块中至少满足一条长边临主要城市道路,或两条短边临主要城市道路,主要用地长度 L_a 满足 250 米 $\leqslant L_a \leqslant$ 450 米,若长度超过 200～300 米应预留停留空间如广场,用地进深不宜小于 65 米;L 形地块和正方形地块至少满足一条边临主要城市道路,另一条边临次要城市道路;L 形地块中,用地长边长度 L_a 满足 250 米 $\leqslant L_a \leqslant$ 450 米,用地进深不宜小于 65 米。

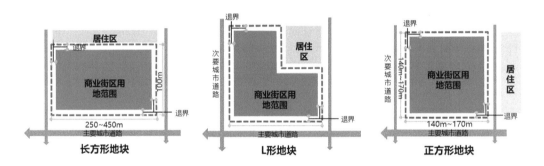

图 6-3　两边临路地块条件示意

在道路等级的选择上,需要注意道路等级和道路退界的影响(见图 6-4)。道路等级越高,车行速度就越快,不利于停留,也就不利于社区商业的商业价值。相对的,尺度相对宜人的城市道路对商业氛围营造较好,商业开发在道路等级上的优势排序为宅间小路>次要小路>次要干道>高速路。道路退界方面,地块沿城市道路退界,除应满足城市规划管理条例,还应考虑相应商业入口的落客缓冲区。值得注意的是,若所在地块因城市规划上位要求有过多绿化带退界,这种情况有损商业本身的可达性,应慎重拿地。

注:濒临城市道路和干道的形式适用于购物广场,靠近生活道路的形式适用于社区商业。

图 6-4　地块临近道路等级选择示意

6.1.3 功能布局

6.1.3.1 入口布局

对于地铁车辆段上盖 TOD 商业开发来说,进行合理的功能布局的首要目的是吸引更多的客流,因此在功能上主要需要考虑的是入口的规划布局。在综合体物业中,为了吸引更多的人流驻足,从而有效把人流转换成商业流,商业空间应争取尽可能多的沿街展示面,且沿街展示面应沿主要城市道路布置(见图 6-5)。商业出入口位置应当具备方便易达的特点,主要出入口位置一般位于城市道路交叉口或商业沿街面靠近中部位置。各商业主入口必须分级。从主到次分别为以下出入口。

①一级出入口:通常为室内外步行街主出入口,形象最为突出,一级出入口应能够设置吸引 90％以上人群,才能带活综合体内各大商业。

②二级出入口:通常设置为大型主力店出入口,形象上比一级出入口要次要许多,但仍具有可见易达性。

③三级出入口:通常设置为办公、商务酒店出入口,为专门前往此类建筑的到访人员设置,由于来访者目的性很强,因此无须强化出入口,注意出入口建筑标识即可。

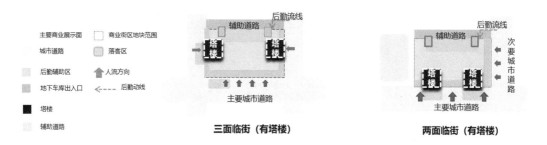

图 6-5 集中型商业入口布局示意

6.1.3.2 塔楼布局

塔楼一般是指高层建筑,建筑密度较高,由多于四五户的住宅或办公空间共同围绕或者环绕一组公共竖向交通形成,具有空间紧凑、结构灵活的特点。从商业空间的布局来看,塔楼的使用流线可以和商业流线进行互动,进行统一考虑。与此同时,在设计过程中还应重点考虑和避免建筑布局和形体对周边环境的不利影响,因此需将高层建筑尽量往地块内部设置。在商业体上方布置的塔楼,需要在不影响住区日照且满足消防的情况下,尽量不打断和干扰主要商业界面和主要商业动线。

塔楼位置确定要考虑四大要素:地块形态、城市道路、裙房商业和塔楼功能。对于上盖商业综合体来说,将塔楼功能与地块内其他功能合理结合布置,可以有效实现土地价值最大化。将集中型商业和塔楼形式的酒店、办公楼结合布置,需要对地块主次干道、最大展示面、商业流线等布局要素研究深化,规划布局遵循的步骤如图 6-6 所示。将分散型商业和塔楼形式的大型公寓结合布置,需要对地块对外交通、街区系统、历史文脉等布局要素研究深化,规划布局遵循的步骤如图 6-7 所示。

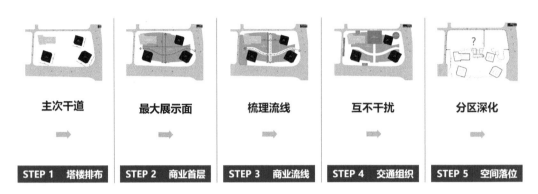

图 6-6 集中型商业与酒店、办公楼塔楼结合布局示意

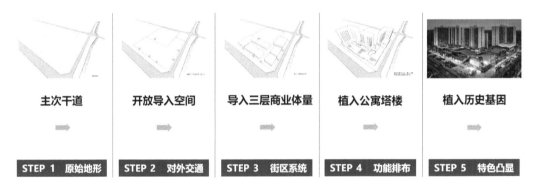

图 6-7 分散型商业与公寓塔楼结合布局示意

6.1.4 沿街方式

6.1.4.1 建筑轮廓

对于地块内的商业建筑来说,建筑轮廓应与地块相适应,商业覆盖率范围以 55% ~ 58% 为佳。商业轮廓应适应所在地块的基本长宽比例特征,以达到最高的土地使用效率。矩形地块、L 形地块和方形地块的建筑适应要求有所不同(见图 6-8)。矩形地块的长宽比 $L/W \geqslant 2$,通常有一个边可作主要沿街面;L 形地块的长宽比 L/W 满足条件 $2 \geqslant L/W \geqslant 1$,通常有一至两个边可作主要沿街面点;方形地块形状 $L/W \leqslant 1$,通常有一至两个边可作主要沿街面。无论是矩形地块、L 形地块还是方形地块,地块临近的主要道路交叉点为地块内商业价值最高点,是商业开发项目需要把握的重点区块。

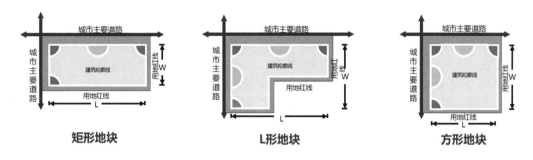

图 6-8　集中型商业入口布局示意

6.1.4.2　沿街要求

车辆段上盖开发商业建筑的沿街布置需要遵循一定的沿街要求,主要有贴线设置、金角银边、消防要求和退界要求这几大部分。

（1）贴线设置

商业建筑的外轮廓应尽量靠近道路,在具体设计中原则上应紧贴建筑控制线设置,最大限度地贴近客流群体。沿道路的商业建筑展示面越大越有益于商业形象宣传,进而吸引客流的进入,将人流成功转换为商业流。

（2）金角银边

金角位置是指位于街道的交界和拐角处的店铺。因为交界和拐角处的地块占据了好几个面,所以可以汇聚各个方向的人流,获得最大的展示面,使得曝光度更高。金角位置是所有商家必争的地方,把握住金角意味着获得了巨大的收益潜力,相应的地块成本是最高的。

银边位置是指街道两端人流进入端口的位置,这是引起刚进入街道的客流注意和停留的地方。因为距离金角不远,所以银边的作用就是借力,它能够借助金角的优势吸引到更多的客流。一般来说,银边位置的成本仅次于金角位置,更适合一些小餐饮店铺选址。

草肚皮是指中间部分。这些地方相对来说客流会比较少,成本往往较低,在这些位置进行商业开发,需要依靠特色的产品或者特色的服务来吸引客流,并通过自身经营把握住回头客,塑造"酒香不怕巷子深"的商业形象。

（3）消防要求

开展商业建筑开发建设活动需要明确消防需求,遵循建筑设计防火规范。商业建筑的商业沿街长度 250 米以内不设中间车道,消防车流线设计必须单独考虑。地块内绿化种植、建筑小品等公共设施的位置设计必须让出消防通道和消防登高面的位置,并保证消防通道与建筑 5 米范围内没有高大的遮挡物。建筑物沿街长度若超过 300 米,需设置中间车道将商场首层断开(二层以上及地下可全部连通),车道两边的商场建筑外墙间距需控制在 23 米左右,一般按照 7 米车道＋两边各 3 米停车下客区＋两边各

3～5米人行道设置。

（4）退界要求

沿用地边界的建筑物，从用地边界需要有一定的退让距离，这就是退界要求。对控制线退界要求，各个地区有不同的地方规定，具体应执行上位规划与地方法规。一般来说，地下室轮廓线的退让用地红线不小于5米，局部确有困难处不应小于3米，并能满足管线覆设要求。对地块内的商业建筑来说，商业空间应利用退界距离，充分对退界空间加以利用，营造新颖独特的场所边界，以增强对沿街过路行人的吸引力，增加商场对路过性交通人流的有效转化能力。

6.1.5 交通流线

6.1.5.1 组织原则

车辆段上盖开展商业开发建设活动后，需要与周边区域开展有效的互动，地铁车辆段上盖TOD商业开发的地块内部及周边的交通流线通过合理组织，可以打造形成合理流线，激发区块活力的同时避免相互干扰。交通流线组织的构成要素复杂多样，主要包括基地四边道路等级、车流主导方向、公交站点位置、出租车上下客站点、机动车客流进入面、人流进出面、装卸货进出面、地下车库位置等（见图6-9），组织原则在考虑这些影响要素的基础上，可以从前期交通评价、人车分流规划、车位配比设置以及人货分流组织这四部分展开。

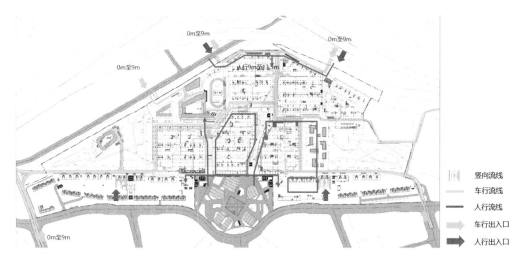

图 6-9 交通流线组织示意

（1）前期交通评价

①道路等级：应分析商业开发项目所在地块四周的道路等级，以及已知周边现状与未来的道路等级。道路等级决定着项目的定位等级和辐射范围，等级越高则对道路的

要求就越高。

②人群定位：应提前评估目标客群前来消费的方式与比例，判断项目未来的商业定位和规模，不同类型的商业中心如邻里型和区域型其交通组合方式完全不同，不同规模的商业中心如城市级与社区级其交通组织方式也完全不同。

③流量预测：对所在地块现有人流、车流量进行研究，并结合现状预测项目未来带来的流量，交通出入口应提前考虑拥堵点、便捷性、安全性及相互干扰等问题，避免出入人流、车流遇到事故。

（2）人车分流规划

①人行优先：人车分流原则是集中式商业外部动线设置的基本原则，特别要避免步行动线与机动车动线交叉，处理好人行道路与机动车道路之间的关系。如商业和住宅在同一地块，应设置外街将地块分开，利用外部道路和内街形成商场的商业环路。

②接驳场站：在前期规划阶段，可积极与城市规划部门沟通，将公交站点设置在商场周围步行距离 5～10 分钟范围内。项目周边如有已建、在建或规划的轨道交通站点的，需在方案中预留接驳条件。在步行流线上设置人行步道紧密结合城市公共交通站点，布置在集中式商业主要入口处，且步行动线要兼顾到来自不同方位顾客的行走路线。

③人行入口：商场的人行主入口适宜布置在街角位置，做到主入口视觉上能够洞穿中庭，一般主入口宽度控制在 6～8 米，挑空 2～3 层。沿商场的外墙于合理位置设置次入口，一般宽度 4～6 米，且两入口间距不超过 100 米。

④车库入口：应依据主要车流来源设置地下车库出入口，并在车库出入口之前设置出租车停靠带。车库出入口不做单独的雨棚，以避免对商业立面的遮挡，且尽量选用直线形坡道。地下两层以上的地下车库，须设置一条车道直接通往地下各层。

⑤停车需求：在商业和城市主要街道结合的部位必须设置港湾式停车区，如下面的山东淄博万象汇港湾式停车站示意图（见图 6-10），使公交车、出租车以及其他社会车辆能够安全迅速停靠，并安全迅速离开。商业建筑外边界线上需设置出租车停靠站，一般位于主出入口侧面，车位数不小于 5 个，以不影响商场人流进出为原则。

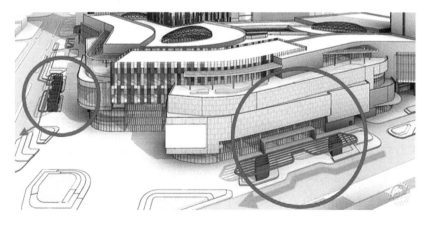

图 6-10　山东淄博万象汇港湾式停车站示意

（3）车位配比设置

①配比要求：不同等级、不同类型的购物中心对停车位的需求不同，如城市级、区域级、社区级、家庭型等不同定位的商业中心对车位的要求也不同。通常车位配比为1～1.2个/100平方米（商业建筑面积），且地面停车数量占总停车数量的15％～20％。

②成本控制：停车位的数量关系到地下车库层数，直接影响成本和建筑负一层利用。当车位售价低于成本30％及以上，应减少地库面积，最大限度开发地面停车。在成本控制上可充分利用办公、SOHO小户型等业态的停车数量，以错峰满足商场的停车需求。

③车位协调：应注重商业开发地块内部停车位指标的共享和协调，注意不同物业类型在停车位方面的分区和共享，方便后期管理。统筹停车位车位划割，包括出入口位置，优化停车动线从而提高车位使用效率。地面设置的大型停车场项目，首层面向停车场方向，还应预留设置外铺的条件。

（4）人货分流组织

①单独入口：货车道出入口应单独设计，避免与顾客车流交叉冲突。在货车入口设计上，应能设置直接连接商业项目周边市政道路与商业地下室，且应尽量缩短地面通行距离，避免货车出入影响地面商业，同时方便货车进出。

②路面材质：货车道的室外地面材质应尽量选用柏油地面，避免使用石材类铺装地面，室内地面则应尽量采用金刚砂地面或环氧树脂地面，且地面涂层厚度应做加厚处理。

③技术要求：货车道设计尺寸的净宽原则上不宜低于4米，确有困难时，不应小于3.6米；货车道净高原则上不宜小于4米，确有困难时，不应小于3.6米。货车坡道不得采用连续弯道设计，直行坡道的坡度应控制在15％以内，弧形坡道的坡度需控制在12％以内，较常见的坡度比例为1：10。货车道如与消防车道重合，各处坡度设计则应满足消防车道要求。

6.1.5.2　入口组织

对于地铁车辆段上盖商业开发项目来说，商业入口的设置应与周边城市用地相融合，作为人流由外界进入综合体内部的过渡空间，需要具有可见易达、疏散通畅、美观宜人的特点，并满足城市区域的功能、交通、景观等要求。

通过对国内部分中高端知名购物中心人行出入口数分布进行梳理（见表6-3）可见，不管是3万平方米还是10万平方米的商业空间，在同一个方向上的入口的数量并不是越多越好，反而应该少而精，出入口过多容易流失人气，缺乏向心性。通过对各大知名车辆站综合体的入口平面图进行研究（见图6-11至图6-14）可见，在综合体一个临街面不长的情况下，一般设置一个主要出入口。次入口沿商场外墙设置，一般宽度在4～6米，且两入口间距不超过100米。对于大型商业来说，主入口通常把室外广场作为一定的缓冲空间，以容纳从各个方向来的人流。

表 6-3 国内部分中高端知名购物中心人行出入口数分布及梳理统计

项目	人行出入口数量/个	地下层入口数量/个	首层入口数量/个	首层以上入口数量/个
上海国金中心 IFC	6	1（地铁）	4	1（人行天桥）
北京来福士广场	5	1（地铁）	4	0
北京颐堤港	6	1（地铁）	5	0
深圳万象城	8	2（下沉广场、地铁）	4	2（公园）
杭州万象城	5	1（下沉广场）	4	0
广州太古汇	6	2（地铁）	4	0
深圳 KKMall	7	1（地铁）	4	2（公园）
深圳益田假日广场	5	3（下沉广场、地铁）	2	0
上海虹口凯德龙之梦	13	1（地铁）	11	1
上海长峰商场	6	1（地铁）	4	1
上海闵行七宝万科广场	7	3	4	0
杭州华润萧山万象汇	9	1	5	3
杭州西溪湿地印象城	8	1	5	2
上海闵行龙湖马桥星悦荟	6	0	6	—
上海闵行保利时光里	3	—	3	0

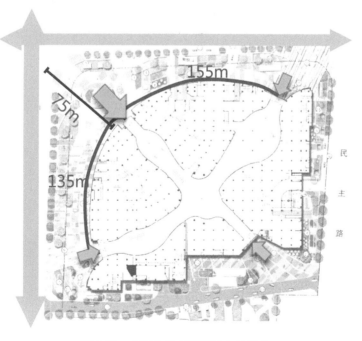

图 6-11 上海七宝万科广场入口示意

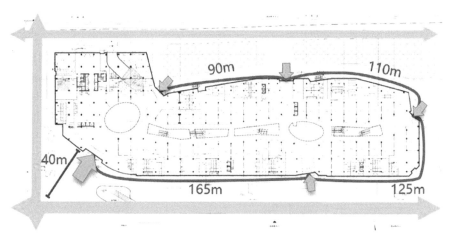

图 6-12　杭州华润萧山万象汇入口示意

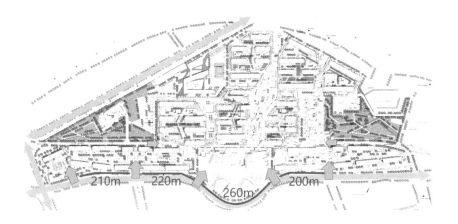

图 6-13　杭州杨柳郡入口示意

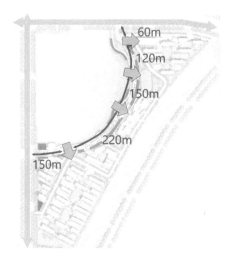

图 6-14　西安骏马村入口示意

　　商业街区通常有 I 形、L 形、U 形和井形之分,对不同类型的商业街区的交通组织进行梳理(见图 6-15)可见,商业街区一般沿地块周边城市干道设置多个出入口,其中主要出入口应设置在主要客流来向,并根据需求设置 2～3 处人行入口。中小型商业街区宜设置一条主要的步行动线,长度不宜超过 300 米,方便人群流通停留。商业街区还应在主要城市交叉口和主要节点处做局部放大的广场,打造公共空间以疏散人群、促进社交以及提升活力。

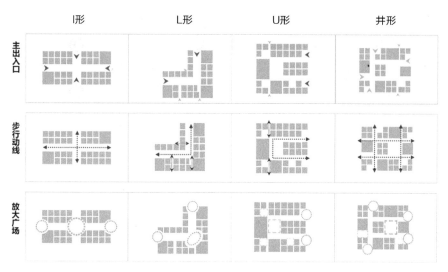

图 6-15　不同类型商业街区交通组织示意

　　城市交通体系形成了地上人行天桥、地面公交、地下地铁、高架轻轨等立体的交通网络,顾客可以通过地下通道、地面以及过街天桥和高架道路等不同高度,由不同层面进入到商业综合体内。这种情况下商业空间的出入口将成倍增加,往往采用多首层的方式引入人流,从主入口进入步行街,通常设置自动扶梯或楼梯,连接 B1 层及二层动线,如广州江燕万科里立体交通组织(见图 6-16)。

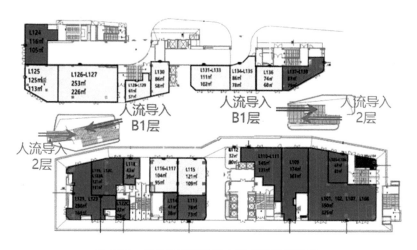

图 6-16　广州江燕万科里立体交通组织示意

6.1.5.3 下沉广场

下沉广场是城市广场的一种设计手法,利用垂直高差对空间进行分割,有利于取得空间和视觉的提升。对于商业开发项目来说,运营良好的项目中地下一层的商业租金普遍大于地上二层商业的租金。下沉广场打造的地下、半地下与地面景观,形成了垂直方向上有层次的外部空间环境,并通过绿化、喷泉、跌水等手段的美化,创造出供人流集散、顾客驻足、娱乐休闲等多功能于一体的亲切、舒适的下沉空间。从商业运营的角度来看,将出入口通过下沉式广场与城市主干道相连接,通过下沉式广场把人流导入地下商业,与地下一层的生活超市、轻餐饮、休闲咖啡等人流密集场所相连接,能够充分发挥出地下一层商业的潜力价值。

车辆段上盖商业综合开发的一大特征是与轨道交通站点联系紧密,在交通组织上可以设置下沉广场与 B1 层地铁出入口连通,通过地下通道连接,将商业与人流容易到达或吸引人流的景观资源连通在一起,借助环境资源吸引消费者进入商业空间,并以此作为建筑设计中的亮点之一,通过环境设计呈现项目独有的特色。此时地下建筑的入口可适当扩大,利于增加地下商业的疏散宽度。以上海万科七宝广场的下沉广场项目为例(见图 6-17),在商业开发中在地面把商场主入口广场处与地铁口相连,在地下把地铁口直接与下沉广场及地下商场层相连,下沉广场直通商场地下一层经营区,地铁出入口到商场直线距离小于 50 米,为项目导入了地铁的巨大人流(见图 6-18)。

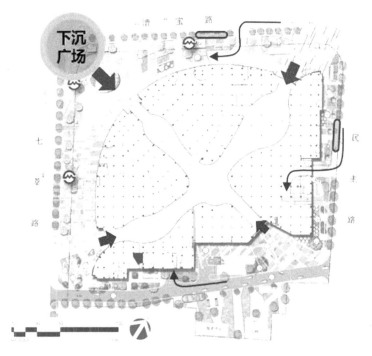

图 6-17　上海万科七宝广场平面

图 6-18 上海万科七宝下沉广场实景

下沉广场作为商业空间中的开敞空间,具有提供景观休憩的场所功能。商业项目可以将入口下沉式广场作为商业项目特色重点打造,以生态别致、精心设计的下沉广场,吸引商务办公和附近居民前来放松和交往,利用商业便利设施提供室外舒适安静的交谈交友空间,并且也是儿童游戏的最佳、最安全的独立场所,在有效提升项目格调的同时激发街区活力,使得城市区域焕然一新。以上海 LCM 置汇旭辉广场为例(见图 6-19),该广场的宗旨"开启灵感生活"体现了现代化的生活方式——一个可以工作、娱乐和购物的综合场所。其打造的时光花园这一下沉广场,本身是一个公共空间,但在商业层面赋予了整个项目强烈的立体感和生动性。直达 2 层的扶梯、到达 B1 层下沉式广场的阶梯、室内外联结的观光梯、与苏州中心异曲同工的退台式外立面设计等等元素,这些都起到了打通室内外空间的作用,同时也连接着北侧的"嗨街"和西侧生态公园两块区域,极大丰富了消费者进场的方式。

图 6-19 上海 LCM 置汇旭辉广场实景

6.2 动线体系

车辆段的场所空间为满足其自身功能布局,形态特征一般呈长条形,尤其是落地开发区的空间形态更为狭长。因此,车辆段上盖区域的建筑通常按照车辆段结构走向布置,呈现行列式长条状的空间形态特征。这使得车辆段上盖空间容易出现空间布局单调呆板的问题,影响上盖商业空间的打造、公共空间的围合以及空间布局的连贯,从而影响上盖开发的品质,使得消费者体验好感度有所下降。这就需要加强结构设计创新,合理安排车辆段上盖空间的入口、中庭、步行街等动能体系,避免单一、呆板的空间形态,从而在有限的条件下形成受负面影响最小的合理功能布局。

结合上文的案例可以看出,车辆段室外步行街的设计及疏散具备一定的原则及特征。在商业街设计上,有以下几点原则:一般只设置一条主街,在保证主街唯一性的前提下可以辅助设置其他商业街道,并避免尽端式商业街或广场;由于商业步行街的长度往往较长,在入口及中间部分需要通过商业广场的设置,缓解人群疲惫感;商业街的出入口必须明显和顺畅,但商业街视线尽量做到"通而不畅",最好不要呈现直线的"一"字形,避免两个主要出入口被穿视。

对于片区商业多动线体系的打造来说,片区商业多动线多适用于较宽松的基地,步行街形成环路,使店铺可以获得更为均等的被浏览概率,形成很好的迴游性,有效提高交易成功率,且便于利用平面中明确的向心性来组织中庭空间。一般步行商业街宽度控制在 6～18 米,商业兴奋点间距控制在 50～60 米。车行流线方面地块内商业车行、办公车行以及后勤车行流线等需要与人行流线分开,动线规划合理且到达性强;人行流线方需要具备到达性强、主次入口醒目、流线清晰等特征。

6.2.1 入口体系

6.2.1.1 入口广场

以上海七宝万科广场为例,主入口广场规模受城市规划的退界条件限制,其普遍的设计规律为:小型主入口广场规模 300～800 平方米,中型主入口广场规模 1000～2000 平方米,大型主入口广场规模 1500～3000 平方米(见图 6-20)。

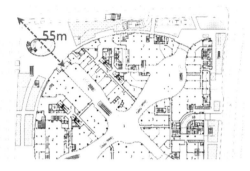

图 6-20　上海七宝万科广场入口广场示意

6.2.1.2　缓冲空间

以杭州杨柳郡缓冲空间为例,对于 3 万～10 万方规模的购物中心或综合体步行街的主要出入口的外部,均应该设置一定的缓冲空间,一般为 10 米×10 米以上的广场,以容纳从各个方向汇入的人流。在一些案例中,缓冲空间与入口广场的设计常结合起来综合考虑(见图 6-21)

图 6-21　杭州杨柳郡缓冲空间示意

6.2.1.3　入口大堂

(1)空间尺度

购物中心主入口大堂设计遵循一定的空间尺度规律。首先,开间设计宜为 10 米以上,一般 10～15 米具有较好视觉感受;次入口大堂开间宜控制在 8 米左右。其次,购物中心主入口距离第一个中庭宜为 10～25 米,过长导致客流导入进一步发生困难。再次,购物中心主入口距离最近自动扶梯宜为 10～25 米,上行端口宜设置在主入口能清晰看见的位置。如有地下购物中心步行街,端口宜设置在主入口能清晰看见的位置,不宜大于 35 米。最后,入口大堂和主通道中间不能夹柱,应能展示购物中心整体形象。

（2）视觉形象

入口大堂对购物中心而言是一项重要的空间形象指标，应有明显易辨的特性，对外部环境要有视觉形象冲击。要将购物中心的名称及图案标志进行显著的展现，以突出企业形象，表现其形象的视觉系统（见图 6-22）。

上海七宝万科广场 东北入口大堂　　　　　上海七宝万科广场 西南入口大堂　　　　　萧山万象汇 主入口大堂

图 6-22　入口大堂视线与视觉形象分析示意

6.2.2　中庭动线

6.2.2.1　中庭作用

以杭州萧山万象汇为例，距商场 3～10 千米的范围属于商圈的摇摆区域，该区域的顾客通常有多种选择，争取这一区域顾客的光临就显得尤为重要（见图 6-23）。杭州西溪印象城通过在中庭空间举办周年店庆活动，使得摇摆区域的客流占比从日常的 9% 提升至 34%，带来客流纯增量约 1 万人/天。杭州西溪印象城因此销售业绩增长 48%，单日销售额创开业以来历史新高。商场内有 41 家零售品牌同比销售增长高达 100% 以上（见图 6-24）。以下根据杭州萧山万象汇、杭州西溪印象城等案例的研究总结出商业项目中庭的作用与规律。

图 6-23　杭州萧山万象汇的演出活动和展览活动实景

图 6-24　杭州西溪印象城的店庆演出和走秀演出实景

（1）交通组织

中庭是垂直交通组织的关键点，也是步行空间的序列高潮，这里人流集中、流量大，最有可能吸引人流上行。富有趣味的垂直交通工具，如玻璃观光电梯等，能在中庭空间创造活力和动感。

（2）活动组织

购物中心内多会有中庭作为购物中心的焦点，中庭广场多位于各个道路形成的动线交汇点，亦即人行活动最频繁处。它一方面可为购物以外的活动提供场所，如流行展示、动态表演等，另一方面也是公共活动及休息的场所。在此应利用照明及装修等塑造空间张力，使其成为购物中心的意象焦点。

（3）业态组织

中庭等公共空间可以有机地将购物中心中的各个业态组合起来形成互相补充的有机整体。

（4）视觉牵引

在中庭设挑空及屋顶采光，具有将购物者的视线引导向上的效果，对于吸引购物者上楼选逛有良好的推动力。中庭挑空直达屋顶，人们在中庭留步，各楼层扶梯联系动线一览无余，很好地体现了动线交汇点的特征。这里人流集中，最有可能鼓励层间运动，又宜作休闲、促销场地；中庭顶部天窗宜采用透明材料引入自然光线，不仅节能，而且使上层空间开阔敞亮，把人的视线吸引向上。

（5）设施密集

在中庭配套设施应较为完整，中央空调、电动扶梯、客梯、货梯、烟感喷淋消防系统、照明系统、通风系统、背景音乐系统、道路指示系统，均应规划建设到位。并应在 1F 设立 1～2 个方便快餐、冷饮店以完善功能，但饮食比例不宜太多，应以冷食为主。

（6）营销展示

在商业街中庭必须保留私家车展销的功能时，机动车流线须保证小型车辆能够进入商业步行街的出入口。

6.2.2.2　位置间距

以下依据上海七宝万科广场、杭州萧山万象汇和杭州西溪印象城在中庭空间特征归纳中庭的位置设置与间距规律见图 6-25、图 6-26、图 6-27。

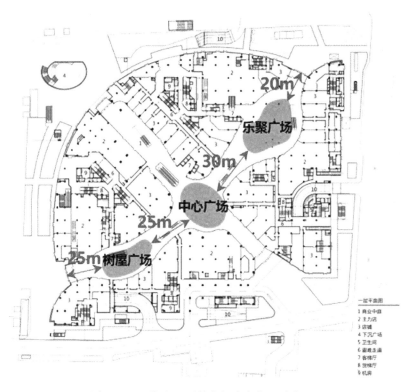

图 6-25　上海七宝万科广场中庭位置示意

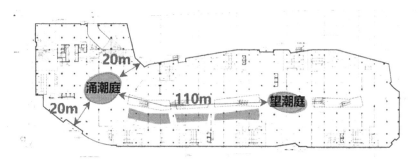

图 6-26　杭州萧山万象汇中庭位置示意

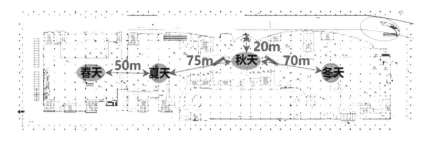

图 6-27　杭州西溪印象城中庭位置示意

①位置设置:购物中心原则上应设置两个中庭,大中庭宜设置于室内步行街冷区,且中庭不宜设置于购物中心入口附近。

②中庭间距:一般两中庭间距离应为 20～40 米。

6.2.2.3　形态尺寸

同样,以下以上海七宝万科广场、杭州萧山万象汇和杭州万象城为典型案例分析中庭空间形态尺寸的一般性规律。

(1)中庭形态

中庭分为面状中庭和线状中庭,面状中庭为节点型中庭,适合停留;线状中庭为行进型中庭,适合游逛。面状中庭可分为方形、椭圆形、圆形和八角形。在传统购物中心,中庭一般为正圆形、正椭圆形以及正方形等规则图形,随着对空间体验感受性的不断提高,不规则图形的中庭更易于在视觉上呈现出丰富多变的多层次空间效果,是中高端购物中心更愿意选择的形态(见图 6-28)。

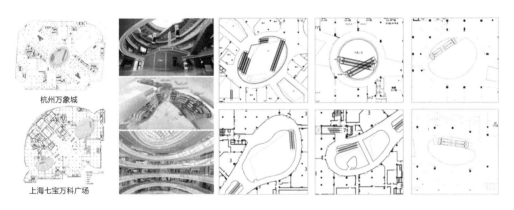

图 6-28　杭州万象城与上海七宝万科广场中庭形态设计

(2)中庭面积

主中庭面积宜为 500～700 平方米;次中庭面积宜为 200～400 平方米;椭圆形中庭面积以 25～40 平方米为宜;方形中庭面积以 24～27 平方米为宜。如杭州萧山万象汇的主中庭涌潮庭直径为 20～25 米,面积为 550 平方米(见图 6-29、图 6-30);次中庭望潮庭直径为 15～25 米,面积为 480 平方米(见图 6-31)。再如上海七宝万科广场设有两个主中庭,乐聚广场直径为 40 米,面积为 1256 平方米;中心广场直径为 33 米,面积为 855 平方米。次中庭树屋广场直径为 22 米,面积为 380 平方米(见图 6-32、图 6-33)。

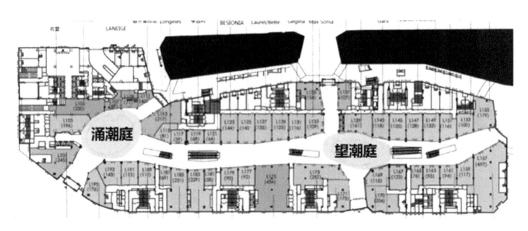

图 6-29　杭州萧山万象汇主中庭与次中庭分布

图 6-30　杭州萧山万象汇涌潮庭实景

图 6-31　杭州萧山万象汇望潮庭实景

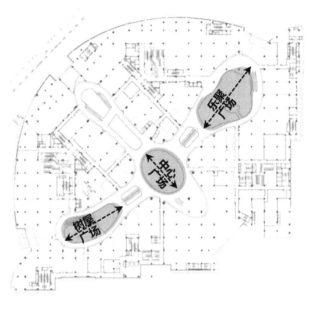

图 6-32　上海七宝万科广场主中庭与次中庭分布

图 6-33　上海七宝万科广场的乐聚广场、中心广场与树屋广场实景（从左至右）

6.2.2.4　视觉要求

（1）视觉感觉

用中庭空间侧界面的高度（H）和相对距离（W）的关系来衡量：W/H 增大，空间就会产生远离感，超过 2 时则显得宽阔；$W/H<1$ 就会产生接近感，逐渐变得狭窄（见图 6-34）。具体来说，当 $W/H=0.5$ 时中庭空间显压抑；当 $W/H=1$ 时均匀可见，但不清晰；当 $W/H=2$ 时立面形象和局部清晰可见；当 $W/H=3$ 时使人感到空间宽敞，封闭感降低（见图 6-35）。

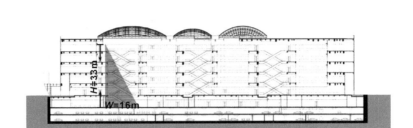

$W/H \approx 1/2$

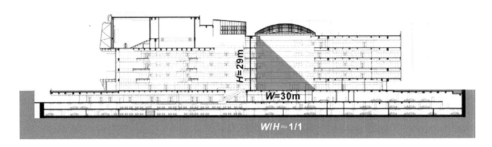

$W/H \approx 1/1$

图 6-34　上海七宝万科广场高宽比实例

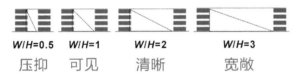

| $W/H=0.5$ | $W/H=1$ | $W/H=2$ | $W/H=3$ |
| 压抑 | 可见 | 清晰 | 宽敞 |

图 6-35　商场高宽比空间感受示意

（2）主题设计

以自然意向或文化寓意为依托,以抽象简练的设计语言配合材料、灯光的变幻将潮水的不同表情和意象加以处理,进而形成整个项目的空间架构。如上海七宝万科广场以潮水的自然形象和文化寓意为依托,以抽象简练的设计语言配合材料、灯光的变幻将潮水的不同表情和意象加以处理,进而形成整个项目的空间架构。商业的中庭弯曲,柔化了建筑并引导人流(见图 6-36)。

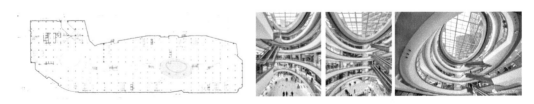

图 6-36 上海七宝万科广场潮水主题设计

（3）无柱设计

以上海七宝万科广场的直通中庭为例，"SHOW"是商业最重要的本质特征之一。在购物中心尽量少地设置柱网，尤其在中庭和采光廊要充分实现无柱网设计。足够宽敞的中庭使得各层商铺店面得到充分展示。在中庭区域内不出现柱子，中庭柱网的布置必须满足中庭顶盖结构支承的需要。没有柱子的中庭空间结合宽阔的走廊为店铺提供了通透连续的展示面，所有的商业元素在 6 个巨大的中庭内无阻碍地自由流动（见图 6-37）。

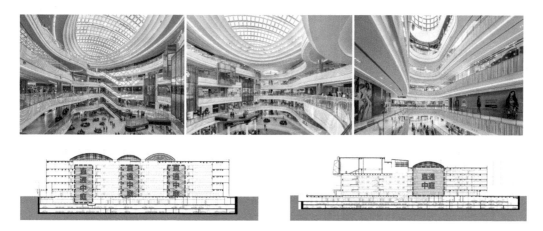

图 6-37　上海七宝万科广场的直通中庭示意

（4）露天中庭

露天中庭的优点是室内外完全达到融合，没有闭塞的空间感，放松心情，但不利的点是遇到恶劣气候，整个购物步行环境受到相当大的影响，应慎重设计完全室外化的露天中庭，一般的设计手法是直接设计为室外街区的城市化形态。

6.2.3　步行街动线

6.2.3.1　挑空形态

通过对国内城市如杭州、沈阳、成都、上海的商业综合体标杆案例与国外著名商业综合体样本对其挑空形态进行分析，总结出挑空形态与面积的设计准则与规律如下。

（1）线状中庭

错落有致的挑空区域是长条形动线项目的标配，可用于设置手扶梯、缓解消费者"疲劳感"的同时，也能增加各楼层的自然采光。线状中庭也具有灵活的形态，并具有动态的引导感，以国内几家商业综合体线状中庭空间序列为例（见图 6-38）。

杭州萧山万象汇

杭州西溪湿地印象城

华润成都万象城

华润沈阳万象城

深圳KK-MALL购物中心

上海LCM置汇旭辉广场

图 6-38　国内商业综合体线状中庭空间序列示意

（2）挑空面积

以泰国曼谷 Central Embassy Shopping Mall 挑空形态为例，线状中庭面积一般控制在 250～300 平方米，挑空部位宽度为 9～11 米，两侧商铺前走廊宽度一般不少于 4 米，便于四股人流同时顺畅通行，过廊宽度为 4.5～5 米（见图 6-39）。

图 6-39　泰国曼谷 Central Embassy Shopping Mall 挑空形态

6.2.3.2　步行街长度

以下根据上海、杭州标杆项目总结步行街长度与商业规模、动线形式以及项目定位之间的关系（见表 6-4），并进一步探索步行街长度设计所需考虑的要素。

表 6-4　上海、杭州商业项目室内步行街长度汇总

项目名称	商业规模/万 m²	动线形式	室内步行街长度/m	项目定位
上海 LCM 置汇旭辉广场	13.0	曲线形单动线	180	一站式时尚购物中心
上海七宝万科广场	9.0	十字动线	200+140	全维度家庭娱乐中心

续表

项目名称	商业规模/万 m²	动线形式	室内步行街长度/m	项目定位
上海长风大悦城	12.0	环形单动线	220	一站式时尚、亲子、娱乐、休闲、购物天堂
上海陆家嘴中心 L+MALL	14.0	哑铃形	180	轻奢高端服务式商业
上海瑞虹天地月亮湾	6.4	"非"字形动线	170+100+100+70	生活·音乐·家
上海保利时光里	4.7	环形单动线	370	都市中心艺术主题的小型精致商业体
上海闵行星悦荟	4.5	L形	190	承载"新邻里"内涵的社区空间
杭州西溪印象城 A 座	17.0	折线形单动线	330	A 座以"家庭、趣乐、生活"为定位
杭州西溪印象城 B 座	8.0	曲线形单动线	180	B 座以"时尚、运动、潮流"为定位
杭州远洋乐堤港	15.0	曲线形双动线	220	艺术购物中心
杭州萧山华润万象汇	10.0	折线形单动线	220	集餐饮、娱乐、购物、休闲等"一站式生活"购物中心

(1)结构要求

大型商业项目一般体量较大,从结构设计的角度,长度和宽度超过 100 米,都属于超长结构。按照现行规范要求,需要设置很多变形缝,但缝的设置又带来使用不便。在结构设计时,必须采取相应的构造措施,减少变形缝的数量,同时还要兼顾结构设计经济性原则。

(2)习惯要求

以杭州萧山万象汇动线长度和上海万科七宝广场动线长度为例,购物中心首层室内步行主街长度为 200~300 米,一般不宜超过 250 米(见图 6-40、图 6-41)。

(3)适当连接

以上海保利时光里动线长度、周长与实地效果为例,步行街中间的连续中庭,即"洞"口,宽度宜为 7~15 米;廊桥作为两侧步行光廊的连接,间隔宜为 30~45 米(见图 6-42)。

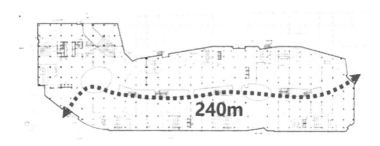

图 6-40　杭州萧山万象汇动线长度示意

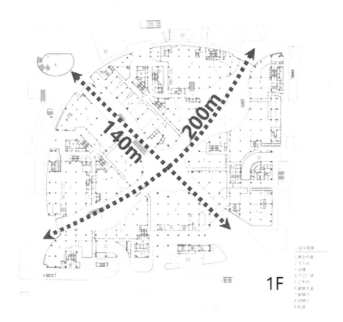

图 6-41　上海万科七宝广场动线长度示意

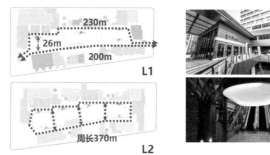

图 6-42　上海保利时光里动线长度、周长与实地效果

6.2.3.3　步行街宽度

对标典型商业综合体项目案例,归纳步行街宽度所遵循的一般规律:①购物中心室内步行街主要走道净宽首层为 9～20 米,二层及以上为 15～25 米。当首层室内步行主街宽度达到 20～25 米,步行街中央宜设置绿植或休息座,或摆放花车移动店铺、快闪铺等。如上海万科七宝广场的步行街宽度,最宽为 22 米,最窄为 10 米,中位为 15 米(见图 6-43)。②对于步行光廊来说,购物中心二层及以上步行光廊净宽宜为 4.5～6.0 米;次要服务性过道净宽宜为 3.0～3.6 米。③对于地下步行街来说,购物中心地下层购物中心街主通道宽度净宽宜为 10～15 米;次通道净宽为 4.5～6.0 米;支路净宽为 2.5～3.0 米。

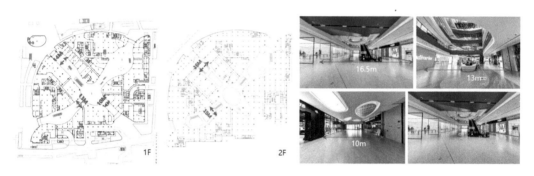

图 6-43　上海万科七宝广场步行街宽度示意

6.2.3.4　步行街高度

(1)高宽比例

购物中心二层及以上步行光廊设计应注意其宽度和高度的比例,按人眼正常视场角自然上仰 30°、下俯 45°计算,采光廊的高度不大于宽度的 1.5～2 倍,如采光廊的净宽是 12 米,那么其高度不能大于 18～24 米。商铺的可见度就可以充分体现。

(2)视觉遮挡

足够宽敞的中庭和采光廊,使得各层商铺店面得到充分展示。在购物中心尽量少地设置柱网,尤其在中庭和采光廊要充分实现无柱网设计。如杭州杨柳郡 20 米宽的下沉室外步行街中,其广场里不仅有好看的艺术品,还有漂亮又实用的街车,既可为内街增添艺术气氛,又可提供实在的商业价值。那些自由组合的雕塑座椅,具有多种时尚配色,可以最大限度地利用空间,让休憩也变得颇有趣味(见图 6-44)。

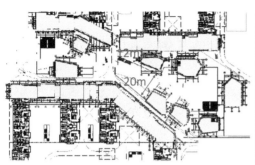

图 6-44　杭州杨柳郡下沉室外步行街

6.2.4　水平动线

6.2.4.1　动线作用

水平动线是商业综合体水平空间布局的综合组织模式,对于商业管理、顾客体验和商铺价值具有以下重要的作用。

①增加客流:商业动线的规划是体现项目设计者对商业理解程度的标志,好的动线将使得商业项目的客流增加 15%～20%。

②减缓疲劳:良好的商业动线可以在错综复杂的商业环境中,为客流提供一条清晰的脉络,可让顾客在商业体内停留的时间更久,降低其购物疲劳度,经过尽可能多的有效区域,使其购物的兴致、兴奋感保持在一个较高的水平。

③价值最大:楼层间水平动线的设计应避免让顾客走重复的路,增加顾客视线内的商铺数量,避免商铺人流死角,有利于最大限度地吸引人流,使商铺价值达到最大化。

6.2.4.2　设计原则

以下通过对余姚五彩城、华润萧山万象汇、杭州西溪湿地印象城、上海七宝万科广场、深圳太古汇、华润沈阳万象城水平动线组织模式进行研究(见图 6-45),总结出水平动线的设计原则有如下几方面。

①单动线原则:简单性原则是动线规划设计需要遵循的最根本的原则,即越简单的动线规划设计对方便消费者越有利。

②易达性原则:商场内部动线应当简洁方便,避免单向的折返,避免产生死角。

③均衡性原则:为有效拉动次级通道的客流量,可将收银台、卫生间、楼层休息区等部分功能分布在次级通道上,以拉升次级通道的客流,同时降低将其设立在主要通道旁占用黄金铺面的损失。

④能见度原则:动线中规划小中庭的前凸或后凹形式,以提高局部商铺的能见度和

曝光度,提升购物中心效益。

(5)记忆点原则:如果顾客在购物中心中无法确立自己的位置,就会迷失方向,而需要花费更多的时间找到自己想要去的商铺。有明显的记忆点就是提高动线系统的秩序感和明显的识别度,从而提高顾客的位置感。

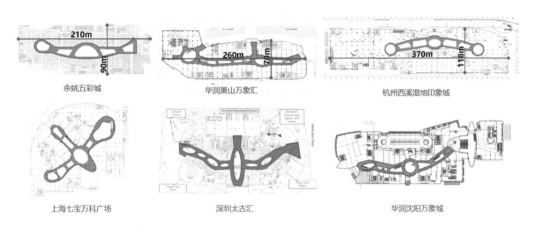

图 6-45　典型商业综合体水平动线组织模式示意

6.2.4.3　设计要素

商业综合体的水平动线空间设计包含特定的设计要素,在实际设计案例中各要素有机组合形成特色的水平动线设计方案(见图 6-46)。设计要素包含以下几个方面:①商铺围绕主力店排布;②哑铃型布局;③弧形动线;④化解商业死角;⑤功能节点设计;⑥立体停车楼。

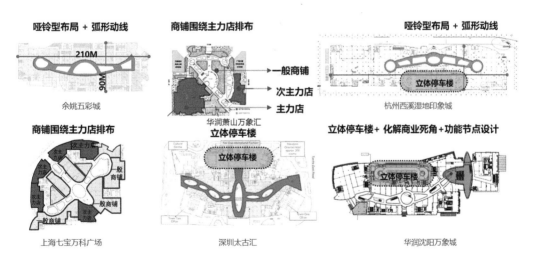

图 6-46　典型商业综合体水平动线设计要素示意

6.2.5 垂直动线

6.2.5.1 扶梯设置

(1)设置要求

自动扶梯距步行街主入口不小于 10 米。步行街自动扶梯间距宜 50～70 米,最远不得大于 80 米。自动扶梯的设置方向宜与人流动方向一致,也就是与主通道方向一致,尽量避免交叉交错,造成人员碰撞。室内步行街入口处扶梯须反向布置,提升端头铺的人流量。自动扶梯应以避免遮挡视线为布置原则,在洞口一侧平行布置,周边商铺步行至最近的自动扶梯距离不应超过 60 米。室内步行街的自动扶梯应有一组通往地下停车场各层;超市业态应设置一组步道梯通往地下各层。停车场应设置通透玻璃候梯厅。自动扶梯在起始层电梯厅应预留足够回转空间。

(2)形式功能

购物中心内常用自动扶梯分平行重叠式、剪刀交叉式、交叉分离式和单列重叠式四种。每组自动扶梯的服务面积为 0.3 万平方米(平均值);服务半径宜为 30～40 米(见图 6-47 至图 6-49)。四类自动扶梯具有不同的优劣势:①平行重叠式具有输送较大的上下行人流,占地面积较小,形成强迫式流线效果的优势,但也有循环断续转换乘梯,转换乘梯不方便的劣势(见图 6-50)。②剪刀交叉式可循环连续转换乘梯,转换乘梯方便。各楼层间有 2 台扶梯,上下人流可分开,避免乘梯口拥挤和混乱。而劣势则为侧面积较大,视线干扰,遮挡商铺(见图 6-51)。③交叉分离式的优势为循环连续转换乘梯,转换

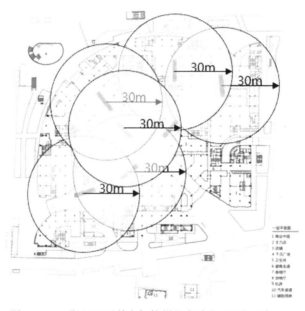

图 6-47 上海七宝万科广场扶梯服务半径 30 米示意

乘梯方便。各楼层间有 2 台扶梯,交错的扶梯不会造成扶梯口部的拥堵,增加了商业空间的趣味性(见图 6-52)。④单列重叠式的占用面积较小,能在乘客转换乘梯的过程中宣传产品。具有强迫式流线的效果。但需循环断续转换乘梯,转换乘梯不方便(见图 6-53)。

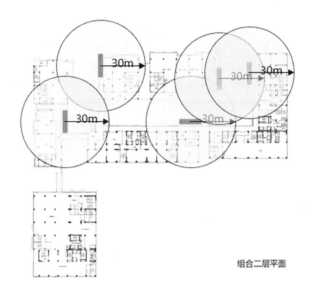

图 6-48 上海马桥龙湖星悦荟扶梯服务半径 30 米示意

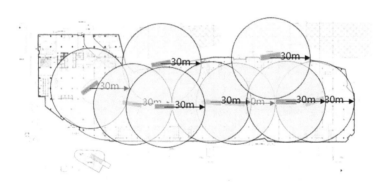

图 6-49 杭州萧山万象汇扶梯服务半径 30 米示意

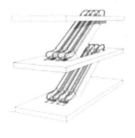

图 6-50 平行重叠式电梯模式示意

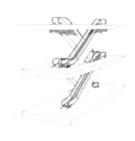

图 6-51　剪刀交叉式电梯模式示意

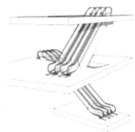

图 6-52　交叉分离式电梯模式示意

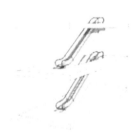

图 6-53　单列重叠式电梯模式示意

6.2.5.2　客梯设置

（1）设置数量

一般而言,以上海七宝万科广场为例,对于 5 万～10 万的人流,应设置 18～30 部扶梯、4～10 部垂直电梯来满足人流运输的要求(见图 6-54)。杭州萧山万象汇 10 万平方米购物中心室内步行街,客梯设置数量为 2 组,每组 3 部(见图 6-55)。上海马桥龙湖星悦荟 3 万平方米购物中心开放式步行街,客梯设置数量为 4～5 组,每组 1 部(见图 6-56)。

（2）设置位置

货梯位置应均匀布置考虑各商铺可达性,环形动线时室内步行街部分应设置 3 组货梯,每组 2 部。

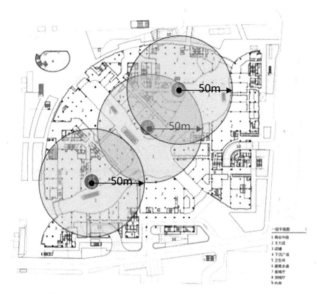

图 6-54 上海七宝万科广场 25 万平方米客梯服务半径 50 米示意

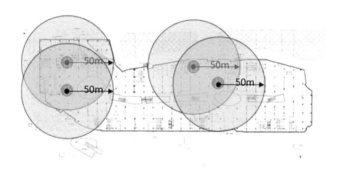

图 6-55 杭州萧山万象汇 10 万平方米客梯服务半径 30 米示意

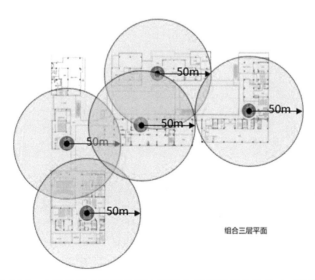

图 6-56 上海马桥龙湖星悦荟 3 万平方米客梯服务半径 30 米示意

6.2.5.3 货梯设置

(1)设置数量

10万平方米商业室内步行街,客梯设置数量为2组,每组3部,以杭州萧山万象汇货梯为例(见图6-57)。

(2)设置位置

货梯位置应均匀布置考虑各商铺可达性,环形动线时室内步行街部分应设置3组货梯,每组2部,以上海七宝万科广场货梯为例(见图6-58)。

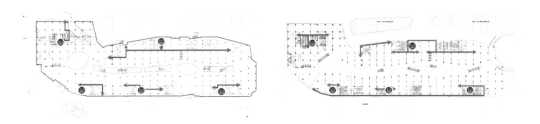

图6-57 杭州萧山万象汇货梯分布

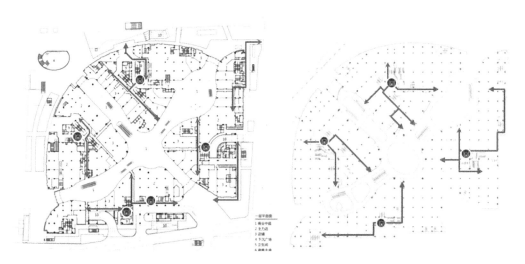

图6-58 上海七宝万科广场货梯分布

6.3 配置要求

地铁车辆段为满足基础功能的需求,其自身具有特殊且固定的规划设计、建筑结构和施工要求,如咽喉区、停车库等柱网结构复杂多变,具有不规则性。这些复杂的功能构成和建筑结构会直接影响到其上盖空间对应的建筑结构,对上盖空间相应的规划设计和建造结构提出较强的配置要求。因此,对于车辆段上盖空间来说,需要通过规划设计手段,合理配置平面形态、柱网结构、铺面划分、空间划分以及消防设计,从而保证整体功能安全、正常运转。

6.3.1　平面形态

地铁 TOD 上盖商业综合体的平面形态具有一定的配置要求,商业空间规划的单层面积与商业规模等级有关,通过对国内外具有代表性的商业项目的平面面积进行对比(见表 6-5),总结得出 1 万~3 万平方米商业规模的项目单层面积范围是 12000~15000 平方米,8 万~12 万平方米商业规模的项目单层面积范围是 15000~18000 平方米。

表 6-5　不同规模的代表性项目商业平面面积总结

项目名称	商业面积/m²	L1 层/m²	L2 层/m²	L3 层/m²	L4 层/m²	L5 层/m²	楼层数/层	平均平面面积/m²
上海七宝万科广场	240000	26500	24300	24300	24300	24800	B1—L5	24840
杭州华润萧山万象汇	100000	16600	15300	16200	16200	16200	B1—L5	16100
上海闵行保利时光里	47000	13800	13800	13800	—	—	B2—L3	13800
日本东京中城 TOKYO MIDTWON	71000	27700	21500	21500	21500	—	B1—4F	23050
东京丰洲啦啦宝都三井购物公园	165000	35300	35600	29900	—	—	1F—3F	33600

合理地设置商业项目平面形态有利于商业空间功能最大化,获得更高的商业价值。影响商业空间平面形态的因素有以下几个方面。

(1)基地覆盖率

影响单层商业面积最大的因素是基地本身,然后是与城市道路红线、建筑用地红线、绿线、蓝线、紫线之间的退界要求,同时需综合考虑地下车库范围及基地地下管线埋深及位置的影响。商业首层在规划覆盖率指标允许的情况下,应尽可能满铺基地,基底商业面积越大,有效展示面越大,商业价值越高。

（2）流线组织

商业空间的平面设计应综合考虑商业体的四周范围与城市道路之间的连通关系，还需考虑地面停车、地面聚散人流广场以及绿化带、人行步道的城市预留。结合商业平面形态，应考虑商业基地的出入口广场预留，以保证商业平面有理想可达性，避免商业死角。

（3）商业厚度

商业空间内的商铺应有适宜的进深尺寸，店铺进深限制对商业单层平面的进深范围有所影响。通常店铺进深越大，商铺的出租率越低，对疏散越不利，所以应当避免规划过深的铺位。此外，动线形式与平面形态之间也是相互影响的。对单动线商业来说，商业厚度需要控制在 55～80 米，具体构成可参考 20～25 米商铺＋14～18 米内街＋20～25 米商铺。

（4）步行街长度

步行街的适宜长度对平面形态范围也有影响，一般来说，步行商业街适宜长度范围为 150～250 米。过长的商业动线中间应设置中庭等空间作为放大的空间节点，避免过长的平直流线使人产生单调厌倦感，使人群可以得到适当的休息和进行环境的视觉观赏。

（5）功能处理

商业空间的平面形态如果过大，可以通过特殊的功能嵌入加以解决。建筑进深如果过厚，有条件的可设置立体商业停车楼，以削弱大进深，避免形成草肚皮；建筑长度如果过长，除了中间可以通过中庭做分割，还可以在两端空间设置主力店，以消化掉体块尽端长度。

6.3.2　柱网结构

6.3.2.1　平面尺寸

柱网的尺寸决定了商业展示空间的单位尺度，并对商业空间的梁高、层高和停车效率具有直接影响。商业展示需要尽可能大的柱网尺度，推荐常用柱网为：8.4 米×8.4 米，这样的柱网设计可满足购物中心基本要求——既能满足商铺开间需求（见图 6-59、图 6-60），也可满足地下停车要求，即每柱网内停三台车，尺寸为 2.5 米×6 米。

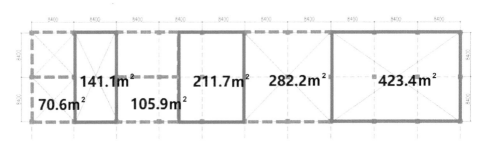

图 6-59　常用柱网满足商铺开间需求示意

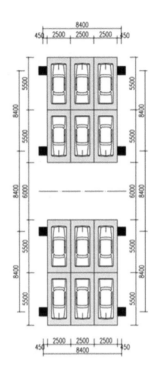

图 6-60 常用柱网满足地下停车需求示意

值得注意的是,上述常用柱网尺寸一般适用于中端商业项目,对中高端和高端商业项目来说,考虑到 SUV 等较大车位尺寸,柱网结构需相应适当放宽。通过对典型中端、中高端和高端商业项目柱网结构进行对比,得到相应高端商业项目柱网结构尺寸与对应的柱网平面示意图(见图 6-61、图 6-62)。总结可知,高端商业项目的商业楼层≥4 层,柱网结构通常为 9～11 米×11～11.5 米;中高端商业项目的商业楼层≥3 层,柱网结构通常为 9.0 米×9.0 米;中端商业项目的商业楼层≥3 层,柱网结构通常为 8.4 米×8.4 米。

表X 高端商业项目柱网结构尺寸

项目名称	柱网结构	楼层数
深圳万象城	11.0m×8.5m	F1—F6
杭州万象城	11.0m×9.0m	B3—F6
无锡万象城	11.0m×9.0m	B2—F4
港汇广场	11.4m×11.4m	B1—F6
上海港汇广场	11.4m×11.4m	B1—F6
ICC上海环贸中心	11.5m×11.5m	B2—F6

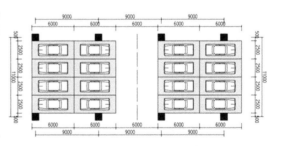

图 6-61 高端商业项目柱网结构尺寸与平面示意

项目名称	柱网结构	楼层数
淄博五彩城	9.0m×9.0m	B3-F4
凯德虹口龙之梦	9.0m×9.0m	B2-F7
苏州印象城	9.0m×9.0m	B1-F5
郑州印象城	9.0m×9.0m	B3-F7
朝阳大悦城	9.0m×9.0m	B3-F9
上海国金中心IFC	9.0m×9.0m	B2-F4
上海浦东嘉里城	9.0m×9.0m	B2-F3

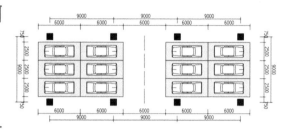

图 6-62　中高端商业项目柱网结构尺寸与平面示意

6.3.2.2　柱网层高

商业建筑的柱网层高决定了层高、净高,通过对国内典型商业项目的设计层高和净高进行分析(见表 6-6)可见,一般商业项目中的首层商业空间净高通常为 3.8~4.2 米,2 层及以上商业空间净高通常为 3.3~4.2 米。确定了商业净高,商业层高与净高之间还具备一定的高度差,差值一般由结构、设备、吊顶、地面这四部分的高度组成。一般来说,合理的层高与净高之间的高度差值为 1.8~1.9 米,因此商业空间的结构层高宜设置为 5.5~6.0 米。

特殊业态:例如影院影厅部分层高一般要求在 10 米左右,最适宜为 12.5 米;如带IMAX 厅,则层高要做到 15 米以上。

表 6-6　国内的典型商业项目结构层高净高

项目名称	B1 商业/m		L1 层/m		L2 层/m		L3 层/m		L4 层/m		L5 层/m		楼层数/层
	层高	净高	层高	净高	层高	净高	层高	净高	层高	净高	层高	净高	
上海七宝万科广场	—	—	6.0	4.1	5.4	3.3	5.4	3.3	5.4	3.3	5.4	3.3	B1—L5
北京长阳万科广场	6.0	4.0	6.0	4.0	5.5	3.6	5.5	3.6	5.5	3.6	—	—	B2—L4
北京旧宫万科广场	5.4	3.7	6.0	4.0	5.4	3.7	5.4	3.7	5.4	3.7	6.0	3.7	B2—L5
深圳九州万科广场	6.2	3.7	6.0	4.2	5.5	3.7	6.0	3.7	5.5	3.7	5.5	3.7	B3—L5
成都华润万象城	5.6	4.0	6.0	4.2	5.7	3.7	6.0	4.0	6.0	4.0	5.4	4.2	B3—L6
杭州华润万象城	—	—	7.0	4.4	6.0	4.4	5.2	3.5	6.0	4.3	5.6	3.9	B3—L5

项目名称	B1 商业/m		L1 层/m		L2 层/m		L3 层/m		L4 层/m		L5 层/m		楼层数/层
	层高	净高	层高	净高	层高	净高	层高	净高	层高	净高	层高	净高	
青岛华润万象城	5.8	3.5	6.7	4.4	6.0	3.7	6.5	4.2	5.5	3.2	6.5	3.5	B3—L7

6.3.3 铺面划分

6.3.3.1 平面分割

对于综合商业开发空间来说,铺面分割不是一味地划分单一小铺面。每个铺面都应最大限度地考虑其商铺面宽的展示效果、营业收入的稳定持续以及适当的店铺总数量。铺面划分需要考虑通道、开间和进深的设置。从消防规范的角度考虑,购物中心的店铺进深宜控制在 16～18 米以内。店铺进深的面宽比通常为 1∶2,1∶3 及 3∶5。除影院、超市等大中型主力店以外,零售商铺常见的面宽进深比为 1∶2,一般不超过 1∶3 或 3∶10。一般来说,3∶5 的开间进深比例对于一般业态来说是比较有利于经营的,最接近黄金比例 0.618。此外,店铺分割的平面形状应尽量保持方正,避免异型(见图 6-63)。

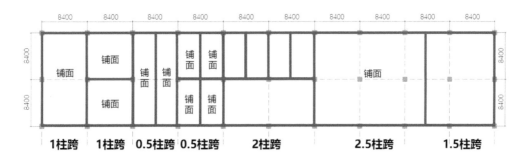

图 6-63 铺面平面分割示意

商铺划分应在满足消防要求的前提下,利用所有空余面积,减少和压缩辅助功能区面积,提高得铺率。应适当考虑铺面类型的多样性,将店铺分为单层铺、双层铺、楼铺、一拖二铺、小拖大铺等多种形式,单层铺与一拖二、小拖大的组合可以提升整体商业价值,单层铺和一拖二商铺则通过一些排列组合形成丰富的沿街立面。

6.3.3.2 实操原则

在商业空间平面规划中,可将铺面划分成舒适铺面、异型铺面、双面铺面、外街铺面等不同类型,通过对不同商业体的店铺划分进行分析(见图 6-64 至图 6-66),得到以下五点实操原则。

(1)消化大进深

对于进深较大的商业平面来说,需要通过合理规划铺面和通道平面等方法消化掉大进深。实际操作中的方法包括:设置销售型外街铺面消化大进深;利用交通及后勤通道等宽度消化大进深;设置临街型双面铺(15~20米)消化大进深铺面等。

(2)分配异型铺

在铺面划分时应尽量保证铺面形态规整,但若是平面形态不好把握出现异型铺面,则需要通过商业设置对其进行分配。分配异型铺在实际操作中的方法包括:将异型铺面设置为金角铺面,放置在主入口和主街的最佳展示位置,吸引次主力或者网红店铺入驻;围绕中庭的高热力铺面,设置一定的异型铺面;把围绕中庭区域的所有异型铺,全部规划为大中型餐饮铺面。

(3)规避死角铺

商业空间的死角区域是指一些处于可达性极差的区域,形状较不规则,客流量极少。在商业平面确定了恰当的柱网之后,总体布局时就需要考虑柱网结构所带来的死角铺位数量及改善措施。在店铺设置时需要规避开这类死角铺。在实际操作中可以将其设置为后勤厨房区或设置为体验型餐饮区。

(4)规划主力群

铺面划分需要规划好主力群所在位置,通过主力店铺吸引更多的人流带动整个商业空间的活力氛围。在实际操作中,若整体平面中舒适性铺面占比较少,可以通过在区域内规划次主力店来消化可达性差的面积,并围绕其依附尽可能多的关联业态,拉动周边店铺活力。

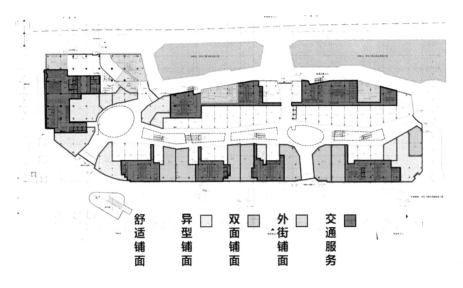

图 6-64　萧山万象汇消化大进深和分配异型铺示意

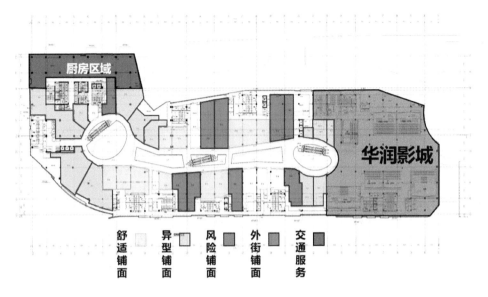

舒适铺面　异型铺面　风险铺面　外街铺面　交通服务

图 6-65　萧山万象汇规避死角铺和规划主力群示意

舒适铺面　异型铺面　双面铺面　沿街铺面　交通服务　次主力铺

图 6-66　七宝万科广场规划主力群和优选主通道示意

（5）优选主通道

在商业主次通道的规划中,应顺应人群流线,在步行主街上规划并设置更多的铺位铺面,吸引人群停驻逗留。在实际操作中可在主通道附近设置网红品牌店铺,以获得开业初期的品牌聚集度,提升商业综合体知名度。

6.3.3.3　装修策略

商业项目的店铺店面具体装修讲究一定的策略,店面是指租赁区域与公共区域的分隔物体,位于租赁线上或租赁区域以内,每层具有特定的高度。合理的店面装修有利于提升商业档次,吸引注重生活品质的中产阶级与年轻一代的消费者(见图 6-67)。

图 6-67　我国代表性商业广场店铺店面装修实景

首先,店铺装修门头或店招,外线应当进行统一管理,不宜超出同轴线最近柱面或墙面;其次,商户的店面和室内的装修及陈列设计应保证内外视线通透,有利于从室内外公共空间看到店铺内的商品和环境,吸引消费者驻足停留并进入消费;最后,店面内包含的橱窗设计应体现品牌的文化和特质,可以简洁明了展示商品,并针对目标客群设计相应的道具和场景,转角玻璃面内建议做橱窗设计并加大灯光照度,引人注目的同时让人印象深刻。

6.3.4　空间要求

6.3.4.1　主力空间

（1）影院尺度

①影院布局基本原则：影城动线宜为"I""L"，不得出现"H"等重复流线；影城应设计约 100 平方米直接对外的夜间出入口，以满足影城业态夜间使用需求；影城应在顶层餐饮层设置影城大厅出入口；影城观众厅排布方式要考虑入场检票口与散场出口分开两端设置；如无院线特殊要求的项目，应参照上海七宝万科广场影城项目配置表进行影厅设计（见图 6-68）。方案中影厅级配表必须注明影厅面积和座位数；影城售票大厅应设置不小于 2 跨长度的售票区。应合理考虑售票区与电梯、扶梯之间的关系；影城电梯应方便联系地下各层机动车停车库，不得位于地下超市内。

图 6-68　上海七宝万科广场影城空间实景

②影院布置实操原则：经营导向的商业，影院应设置在独立的竖向交通附近，并设置人员集散空间。应有单独出入口通向室外，并明显标示，影厅分割形状尽量方正，不要异型。

电影院的池座、楼座均应设置足够数量、足够宽度并分布合理的内外安全出口和相应的疏散通道及疏散楼梯；进出场人流应避免交叉和逆流如图 6-69 所示，上海七宝万科广场影城。

疏散通道每段不应超过 20 米，各段均应有通风排烟窗；2 米高度内应无突出物、悬挂物；观众疏散的主楼梯净宽度不应小于 1.4 米。

（2）超市配置

①超市布置基本原则：超市只在室内步行街内设置一个出入口，宽度不小于一个柱跨 8 米，除超市晨间通道外不得设置其他对外单独开口；超市入口位于室内步行街入口处，进入步行街后即转超市，中间不宜间隔设置商铺。如无特殊要求，在项目容积率满足商业规模要求的前提下，购物中心地下商业原则只设置超市业态。超市公共区域应尽量设计得通透，使主入口、公共区域等可视性较强。

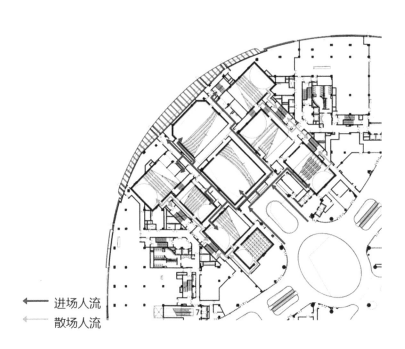

← 进场人流
← 散场人流

图 6-69　上海七宝万科广场影城人流设计

　　停车场、停车库、停车楼等机动车停车空间应方便与超市连通，宜直通超市或通过商业步行街与超市进行连通（见图 6-70、图 6-71）。顾客停车场的净使用高度应不小于2.4 米，地下超市外租区、公共区不宜通过走道与停车场相连。

　　在满足消防的前提下，首层的地下超市和外场区入口处应预留洞口，增大地下商业展示面；首层室内步行街通向地下超市和外场区的扶梯为自动扶梯；地下一层通向地下二层的扶梯为自动步道梯。

　　超市建筑面积不应超过 1500 平方米，其余地下经营部分面积可作为"地下步行街"；地下步行街宜通过中庭及扶梯与首层相通，便于将客流导入地下。超市出、入口应集中布置，面向地下步行街设置两跨开口，开口距通往首层扶梯宜不大于两跨。

图 6-70　上海保利时光里进口餐饮超市 EAT! 空间实景

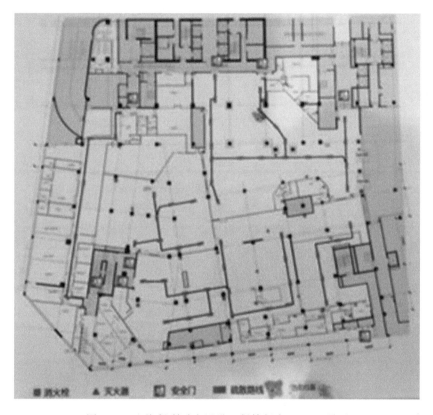

图 6-71　上海保利时光里进口餐饮超市 EAT! 平面

②超市布置实操原则:经营导向的商业项目中,一般超市设置于地下,此时需在商业主入口安装自动扶梯至超市租赁范围内。且在自动扶梯(坡度不大于 30 度)或平板坡梯(坡度不大于 12 度)上下梯处应设置防护栏杆,并在洞口四周设防护栏杆防止人员受伤。

地下停车场处一般安装两部平板坡梯至负一楼,并在通道设置明显的指示导向牌。超市位置如不在卸货区同层,大卖场通常设置两部 3 吨超市专用货梯直达租赁范围内,标准超市需设置 1 台超市专用货梯(见图 6-72、图 6-73)。

图 6-72　上海七宝万科广场 blt 超市空间布局

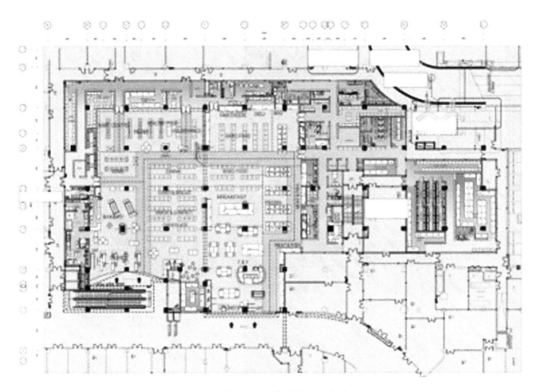

图 6-73　上海七宝万科广场 blt 超市平面

6.3.4.2　餐饮空间

（1）常规楼层

如项目当地无特殊规定,主要餐饮层(4F～5F)各餐饮店铺的餐厨比一般按照 7 : 3 设计。

（2）首层店铺

首层入口处的商铺应预留餐饮条件,楼梯电梯的布置不应影响餐饮铺对外展示和开门的功能需要,室外广场应预留餐饮外摆的条件。

（3）预留条件

购物中心室内步行街顶层应为餐饮层,餐饮层步行街商铺均应满足餐饮条件。次顶层往往也会有一定规模餐饮,应视具体项目情况预先做技术条件预留。

6.3.4.3　公共空间

（1）入口空间

室内步行街的出入口必须设双道门,严寒地区应视情况设三道门。首层商业入口的门适宜做平开门,一般不做旋转门或自动门。

（2）尺度多样

室内步行街是设计的重点,该区域的柱网应首先保证步行街的要求,其次考虑柱网对地下室停车的影响,在较高档次的项目定位中,必要时可为了保证步行街空间需要,为该区域地下室车位布置做出让步。

室内步行街长动线应采用曲线、收放等方式,连桥、洞口等在满足消防要求的前提下应错落变化,增加空间丰富性。室内步行街公区洞口宽度不小于 6.5～8 米,洞口宽度可根据地上建筑层数的增加进行适当放宽。室内步行街二、三层走道净宽宜为 3.5～4.5 米,最宽处不宜大于 6.0 米。餐饮层走道净宽宜≥3.5 米,中庭周围走道净宽应适当加宽。

（3）空间多样

室内步行街除直街段洞口长度不超过 3 跨,步行街的连桥宽度一般为 3～4.5 米,自动扶梯口和中庭处为 5 米,其中连桥每层应有 2～4 处适当加宽到 5～8 米,形成局部节点,供商管设置多经点位。

室内步行街商铺进深应不大于 2.5 跨(22 米),最深处不大于 25 米。步行街动线内部需设置放大空间节点,作为多经点位或顾客休憩场所,面积不宜超过 70～100 平方米。动线在满足两侧通道宽度的前提下,可根据多经点位需求增加宽度至 5～6 米。室内步行街中岛部分楼梯间应尽量集中布置,确保长度的 1/3 具备商铺进深调整及合铺的可能性。此外,动线规划应营造序列化空间。长直动线应不超过 55 米,通过设置空间节点、转角等手法丰富空间形式。

（4）扩大空间

如购物中心影城等带有大空间的业态,要求在设计场景中不出现柱子。中庭在较高定位的项目中,应做无柱中庭,中庭柱网的布置必须满足中庭顶盖结构支撑的需要。其他需要扩大空间的街区,如儿童街区根据活动空间需要,可适当增加宽度 5～6 米;主题街区在人流交汇处,局部连廊可加宽至 6～8 米,并设置有不小于 4 米的缓冲空间且视线不受遮挡,一般面积不宜小于 100 平方米,以满足宣传展示与营销活动等多种需求。

6.3.5　消防设计

6.3.5.1　防火分区

商业项目的消防防火分区可按照面积或按照步行街形式进行划分。

（1）按照面积

商业项目应按照防火分区实际面积划分不同的防火分区,分为水平和竖向两种;若采用防火分区式,防火分区交界处长度过长,防火卷帘需设立柱或实体墙,这种情况会影响空间布局使用,虽然无法实现无柱中庭,但可以与地下室空间连通设计。

（2）按照步行街

按照商业街形式来考虑消防设计，可将卷帘设置在店铺分隔处，将中庭和外廊均作为外部空间考量，则可以实现无柱中庭的设计效果，但这种情况不能与地下中庭连通设计。室内步行街店铺与走道之间需采用防火玻璃、钢化玻璃分割及加密喷淋保护等方式。

（3）实际案例

以杭州万象城为例。杭州万象城地上商业面积有 13 万平方米，地下商业面积约 2 万平方米，整个商业平面基本呈正方形，单边长度超过 150 米，建筑中部的楼梯在首层无法直通室外。整个商业空间的中庭通高空间尺度巨大，累计面积超过商业允许最大防火分区的面积。消防设计将楼梯到达首层后通过专用走道通到室外，走道的宽度需要和楼梯宽度相匹配，走道周围的门设置为甲级防火门。将中庭和各层中厅的回廊采用特级防火卷帘和周围店铺进行分隔，中庭区域形成一个独立的防火分区，中庭的人员疏散采用性能化设计，设置专用的疏散楼梯（见图 6-74）。

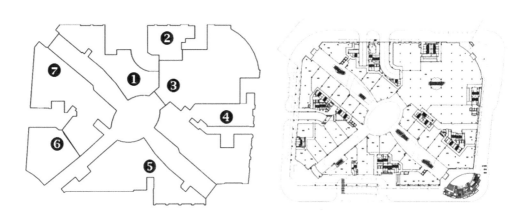

图 6-74　杭州万象城防火分区式消防设计

以萧山万象汇为例，地上商业面积为 8 万平方米，地下商业面积为 1.8 万平方米，中庭通高空间尺度巨大，累计面积超过商业允许最大防火分区的面积。消防设计中将中庭用特级防火卷帘划分为多个区域，单个区域从上到下的防火分区面积不超过 4000 平方米。由于消防部门不同意在商业中庭使用超大中庭的概念，也不推荐性能化设计，所以实际只能采用将中庭分隔的做法。分隔中庭的卷帘长度超过 9 米，不使用异型卷帘，且一层商业疏散宽度和首层楼梯的疏散宽度在首层需要叠加计算（见图 6-75）。

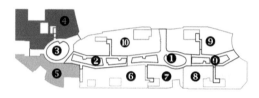

图 6-75　萧山万象汇防火分区式消防设计

6.3.5.2　室内步行街

（1）疏散楼梯

室内步行街两侧建筑内的疏散楼梯应靠外墙设置并宜直通室外，确有困难时，可在首层直接通至步行街；疏散楼梯数量及宽度应满足消防规范要求，根据使用人数和面积确定；剪刀楼梯和常规双跑楼梯是常用的疏散楼梯形式，开敞楼梯和扶梯不能当作疏散楼梯使用。

（2）长度限制

室内步行街长度超过 300 米时，步行街中间位置应加开步行街消防洞口，宽度按照步行街要求设计。

（3）宽度要求

步行街两侧建筑相对面的最近距离不应小于 9 米，步行街的端部在各层均不应封闭。

（4）店铺面积

步行街两侧建筑的商铺之间应设置耐火极限不低于 2 小时的防火隔墙，每间商铺的建筑面积不宜大于 300 平方米。

以上海七宝万科广场为例，按照商业街形式来考虑消防设计时，可将卷帘设置在店铺分隔处，中庭和外廊均作为外部空间考量，则能够实现无柱中庭的设计效果，且需要避免地下中庭连通设计。室内步行街店铺与走道之间应采用防火玻璃、钢化玻璃分割及加密喷淋保护等方式（见图 6-76）。

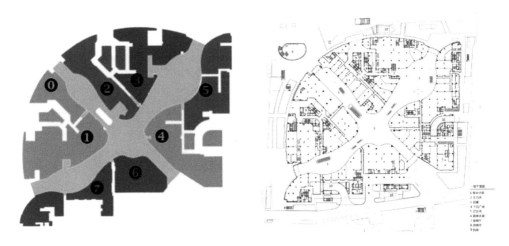

图 6-76　上海七宝万科广场步行街式消防设计

6.3.5.3　疏散出口

（1）首层疏散

首层商铺的疏散门可直接通至步行街,步行街内任一点到达最近室外安全地点的步行距离不应大于 60 米。

（2）二层及以上

二层及以上各层商铺的疏散门至该层疏散楼梯口或其他安全出口的直线距离不应大于 37.5 米。

（3）疏散开口

首层直通室外、地下室通往室内步行街、通往屋面的消防疏散楼梯防火门均应设置联网门禁,其余室内步行街的疏散楼梯防火门均应设置推杆锁。环形步行街考虑到各地消防认定方式不一致,单体平面设计时在步行街的主要公区通道尽端应避免设计卫生间及楼梯间等设施,为增加开口预留可能性。

6.3.5.4　疏散规定

（1）疏散距离

平面中的不同功能空间具有不同的消防属性。购物中心消防设计最为重要的前提就是对空间的定性,合理利用不同消防空间的最大疏散距离来满足商业平面不同位置的疏散要求。

（2）主力店疏散

主力店的业态独立分区,其疏散宽度全部由自身承担。采用室内步行街防火方式的项目时,影城等主力店业态不允许跨越步行街两侧设置。

（3）屋顶设置

屋顶应设置步行街楼梯和主力店楼梯各两个疏散口。

（4）地库设置

地下车库电梯、扶梯厅、地下步行街、超市等主要人员出入口应退让车行动线不小于 2 米，保证足够的安全缓冲空间。地下车库内主要出入口附近 2 跨内不应布置停车位。

（5）其他规定

柴油发电机房、锅炉房应位于主体建筑外侧，首层餐饮铺下方地下室禁止设置电气机房，新建项目所有电梯应通至地下各层。

6.3.5.5　疏散模型

疏散模型是为适应不同商业空间的疏散需求而产生的。疏散模型 I～III 是基于将购物中心平面总体定性为商店营业厅基础之上产生的，它是防火新规及 113 号文件颁布后购物中心消防设计的基本策略，具有较大的灵活性。疏散模型 IV、V 则作为补充使用，需要满足其限定条件才能发挥其疏散距离上的优势。

（1）模型 I 独立疏散

独立疏散模型将购物中心平面总体定性为商店营业厅。

疏散距离通常包括 A、B 两段，其中 A 段代表从商铺内任意一点到商铺门的最大距离，B 段代表由商铺门到疏散楼梯间的一段距离。两排商铺中间夹着公区（主要人行动线），是最简单的商业平面模型；将其纵向切成三段，分别定性为商店营业厅、室内步行街、一般商铺。一般商铺的公区就是疏散通道的一部分，而各自所对应 A 段和 B 段距离在防火规范中的上限要求产生了较大差异；A＋B 段的总疏散距离决定了平面可以做多厚。购物中心消防设计最为重要的前提就是对空间的定性，应合理利用不同消防空间的最大疏散距离来满足商业平面不同位置的疏散要求（见图 6-77）。

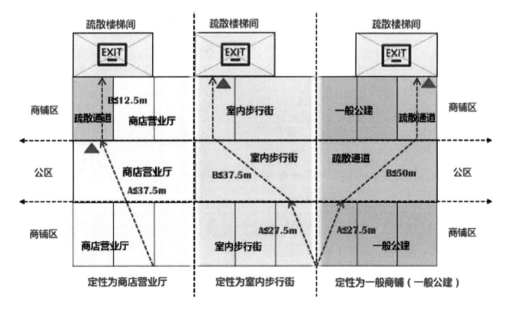

图 6-77　独立疏散模型示意

疏散模型 I 针对购物中心中的主力店（单店面积≈1 个防火分区），或是儿童活动、影城这类规范要求独立安排疏散的商业空间。如图 79 所示，店铺边缘的多个疏散楼梯间只供该店铺使用，该模型中没有 B 段疏散距离，只需要保证 A 段疏散距离（店铺内任意一点到最近的疏散门）≤37.5 米，便可满足疏散要求。疏散路径呈现由一点向多个疏散门发散的形态（见图 6-78）。

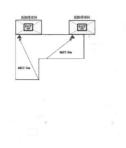

图 6-78　独立疏散商业营业厅平面

（2）模型 II 前脸疏散（独立中庭策略）

中庭卷帘柱模型是中庭消防设计的最基本模式，简单直接、应用广泛，同时也是各地消防审批部门最为认可的处理方式。其最大的特点是在中庭周围设置一圈防火卷帘，将中庭彻底"封锁"，其余部分形成防火分区。相关规定限制了水平封闭及折叠提升式防火卷帘的应用，这是导致中庭周边出现卷帘柱的原因，卷帘柱的间距取决于各地对单片防火卷帘长度的具体要求（见图 6-79）。

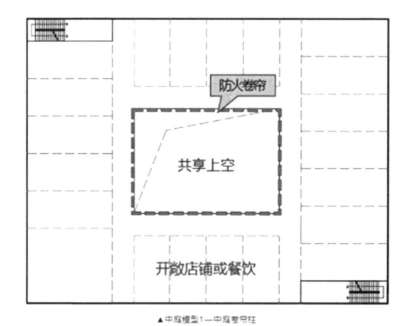

图 6-79　前脸疏散模型示意

中庭卷帘柱模型最大的优势在于中庭以外区域在满足疏散需求条件下可以自由划分。店铺前脸不需要做额外防火处理，人员可以通过店铺前脸进行疏散，且不需要设置背走道，总体得铺率较高，公共区域还可以设置租摆。

中庭卷帘柱模型的劣势也很明显，就是无法实现流动的曲线空间，同时有立柱遮挡，总体商业氛围较差。中庭卷帘柱模型与百货店、美食城、书城、电器城等大型主力店的内部中庭空间较为适配，同时可应用在对商业氛围相对要求较低的一般中庭，购物中心的主推广中庭一般不推荐使用。

前脸疏散是商店营业厅应用比例最高的疏散模型，如图 6-80 所示，疏散路径由 A＋B 两段构成，各自要求不同，其中 A 段为店铺内任意一点穿过店铺前脸门，经过公区回廊到达疏散通道入口的距离，应≤37.5 米；B 段为经过疏散通道到达疏散楼梯间前室的距离，应≤12.5 米。

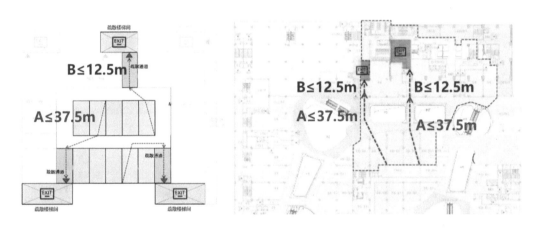

图 6-80　前脸疏散商业营业厅平面

（3）模型 III 背走道疏散（扩大中庭策略）

扩大中庭指的是防火分区边界由中庭周边扩大到了店铺前脸，把回廊部分也囊括了进来，这样一来防火设施的布置移到了店铺前脸，中庭周边可以不需要再设置卷帘柱，自然形状上不再受到限制，可以实现曲线或异型边界（见图 6-81、图 6-82）。中庭作为大型购物中心的空间节点，承载着纵向交通、界面展示、公共活动、室内采光等一系列重要作用，其设计优劣直接关系到购物中心的成败；除了适宜的位置、分级与空间尺度外，消防设计很大程度决定了中庭的最终形态与使用功能。

扩大中庭模型的主要弊端是位于前脸的疏散路径被遮挡，只能通过背侧进行疏散，大量背走道的出现将会带来得铺率的直接下降（见图 6-83），同时与中庭处于同一分区的回廊部分不允许做租摆经营。基于商业价值最大化考虑，建议只在主推广的中庭区域应用。需要注意的是，应用扩大中庭模型的防火分区单层面积不能超过规范要求，防火分区总面积上下叠加计算。

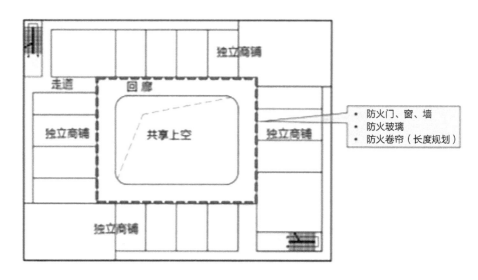

图 6-81　背走道疏散模型示意

图 6-82　扩大中庭曲线空间形态示意

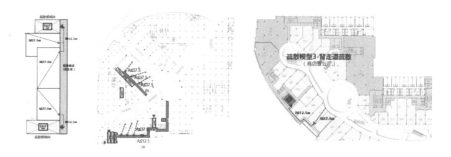

图 6-83　背走道疏散模型商业营业厅平面

上海七宝万科广场的扩大中庭策略修改调整出了三大中庭广场,且均为无柱空间,其中设置有造型感十足的树屋、特色连廊、错层露台、彩色宝盒等,用来丰富更多元、更人性化的时尚购物空间。防火分区Ⅰ、防火分区Ⅱ各包含一个中庭空间。防火分区Ⅰ采用扩大中庭策略。中庭不再划分防火分区边界,上下层防火分区面积进行叠加计算。防火分区Ⅱ采用独立中庭策略。中庭周边设立防火卷帘独立划分,其余部分成为一个防火分区,每层独立计算面积。不同的中庭消防设计策略直接导致防火分区边界及面积统计的变化(见图 6-84)。

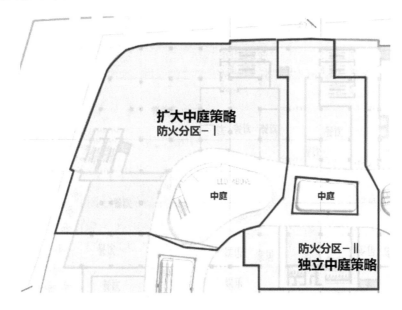

图 6-84　上海七宝万科广场消防设计策略平面分区

(4)模型Ⅳ室内步行街(不设分隔的步行街)

当商业空间符合室内步行街对应要求时,该区域(室内步行街没有防火分区概念)内的中庭周边可以不设卷帘柱,可以实现曲线形态,但需要保证开洞面积≥37%公区地面面积,同时开口需要均匀布置,且上下对位。这样一来,便限制了实现异位中庭的可能性,空间变化略显不足。

室内步行街可以看作由带顶棚的步行街连接的多栋独立建筑,将步行街视为相对安全区域(半室外空间),两侧店铺人员通过店铺—步行街—疏散楼梯间(标准层)、店铺—步行街—直通室外(首层)的路径完成疏散(见图 6-85)。疏散距离要求如图 86 所示:A 段为店铺内任意一点至店铺门距离,多层应≤27.5 米,高层应≤25 米,标准层 B 段为店铺门至最近疏散楼梯间距离,应≤37.5 米;首层 B 段为步行街内任意一点至室外空间距离,应≤60 米。

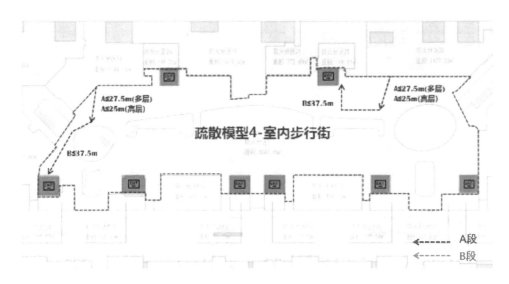

图 6-85　室内步行街模型示意

　　室内步行街有一定的弊端:地下地上空间不能开洞,地下商业的交通流线组织与采光需要综合考虑;作为疏散路径的一部分,室内步行街的公区同样不能设租摆经营;两侧店铺面积必须≤300平方米;店铺前脸之间需设1米的实体墙,对商业界面有一定影响(见图6-86)。如广州太古汇裙楼购物中心中庭,新规对防火玻璃增加了耐火性、隔热性的要求。不满足隔热要加侧喷,还对侧喷安装提出了要求(见图6-87)。

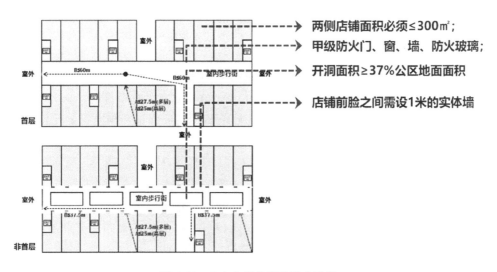

　　两侧店铺面积必须≤300㎡;

　　甲级防火门、窗、墙、防火玻璃;

　　开洞面积≥37%公区地面面积

　　店铺前脸之间需设1米的实体墙

图 6-86　室内步行街设计要求示意

图 6-87 广州太古汇室内步行街消防设计示意

（5）模型 V 多层商铺（跨层主力店）

购物中心中的跨层主力店往往内部也会有上下层连通的共享空间，可通过单层店铺的面积大小推导出是否多层大店的内部共享周围需要设置防火卷帘，是否可以实现开敞、通透的空间感受。多层商铺既有通透的店铺共享空间，又存在受防火卷帘限制的店铺共享空间（见图 6-88）。

图 6-88 多层商铺消防设计实景

（5）模型选择

①根据中庭等级进行选择：从中庭的等级入手，相对推广等级较高的主中庭、特色中庭，就可以采用没有卷帘柱、形态自由的扩大中庭模型，而位于动线中部的一般中庭简单直接的卷帘柱模型就是不错的选择。

②根据使用需求进行选择：公区租摆可创造额外租金收入。根据各项目业态、租金目标的不同，需要考虑公区是否需要设立固定租摆，有固定租摆的中庭，卷帘柱模式是最好的选择。

③结合精装方案进行选择：如果不可避免需要在主中庭使用卷帘柱，可以通过精装设计的二次深化弱化立柱和硬边缘带来的影响，如通过局部折线出挑创造富有活力的中庭空间，弱化柱的存在感。

④精确复核疏散距离：及时复核疏散路径与疏散距离是必要步骤，如不能满足要求就要转换中庭模型。